NF文庫
ノンフィクション

戦術における成功作戦の研究

三野正洋

潮書房光人新社

まえがき

これまで十数年にわたり、著者は戦争、紛争におけるいろいろな〝失敗〟に関して探求してきた。

それは拙著『日本軍の小失敗の研究』といったかたちでまとめられてきたが、読者からは望外の関心をいただくことができた。

ところが近年では正反対の〝成功〟へと、興味の対象が変わってきている。

そしてその最初の成果が、潮書房光人新社から二〇二一年の秋に、『戦場における成功作戦の研究』として上梓された。

著者の失敗学はそれなりに評価され、同じ分野の著作が続いて出版されたが、成功学については、諸兄に受け入れられるかどうか危惧していた。

しかしその心配は杞憂に終わったらしく、前記の本も順調に売れ行きを伸ばしている。

これに力を得て、今回はその続編を著わすことが出来た。

内容は前著と同じく、まず戦術、そして兵器の成功に関して、多くの資料をもとにまとめ上げている。

また少々形を変えて、戦術の項では限定された戦い（大西洋における潜水艦戦、ガダルカナルの戦闘）を例に、敵味方の成功例を分析した。

このため新しい戦史の解析という面からも、読者の興味を掻き立てることが出来たのではないかと考えている。

ぜひご愛読をお願いしたい。

戦術における成功作戦の研究——目次

戦術篇2　大西洋における対潜水艦戦闘

戦術篇３　ガダルカナル戦における五つの例

兵器篇

戦術における成功作戦の研究

戦術篇１　戦場の駆け引きと決断

ドイツ戦艦の英仏海峡突破
――第二次世界大戦

イギリスとフランスの間を隔てる英仏海峡は、長さ五六〇キロ、平均水深は六三メートルである。またもっとも狭い部分はイギリスのドーバーとフランスのカレーの間で、距離は晴天なら肉眼で対岸が見えるほどの三四キロという狭さとなる。第二次大戦中の一九四二年二月一一日から一三日にかけて、ドイツ海軍の二隻の戦艦シャルンホルスト、グナイゼナウ、重巡洋艦プリンツ・オイゲンが多数の駆逐艦、掃海艇に守られて、南から北に向かってこの海峡を突破した。

世界の海戦史上でも極めて希な、大艦隊による狭水道航行は、現在に至るも多くの人々の関心をひいている。

この事件は、〝チャンネル（海峡）ダッシュ〟と呼ばれ、実行したドイツ海軍は大きな栄光を得、一方イギリス海軍には少なからず屈辱的なものとなった。

この戦艦、巡洋艦は、当時にあって占領下のフランス・ブレスト港に停泊していた。これは機会をみて大西洋上に出撃し、イギリス本土に向かう輸送船団を撃滅することが目的であった。

実際、この二隻は、砲撃によってイギリスの航空母艦を撃沈するという大きな戦果を挙げている。

しかしブレストの地理的な条件から、イギリス空軍の空襲がたびたびあり、三隻は出撃以前に損傷する可能性が高くなりつつあった。

このためドイツ海軍の首脳は、対策に悩むことになる。

これを知ったドイツの総統ヒトラーは、思いもよらぬ作戦を提案する。

すぐにでも全力を投入して、主力の三隻に英仏海峡を通過、ドイツ本国のキール軍港まで移動させるという大胆なものであった。

つまりイギリス本土の目の前を、ドイツの大型艦が艦隊を組んで走り抜けるということである。

当然、イギリス艦隊、航空部隊、それに加えて沿岸砲台まで、この三隻による海峡突破を座視するはずはなかった。繰り返すが陸岸から肉眼で見ることのできる距離なのである。

このヒトラーの提案について、独海軍首脳はあまりにも危険すぎると当然大反対、貴重な戦艦、重巡がすべて撃沈されるかもしれなかった。

ところが総統は、「諸君が猛反対すること自体が、この作戦の成功を予言している」と主張、迅速な実行を命令した。

彼の言うところは、ドイツ軍があまりに危険で実行出来ない、と考えているなら、イギリス軍も同じように実現不可能と見ているに違いない。

つまりそれが彼らの油断に直結し、効果的な阻止行動、対応は出来ない、と断言した。

言うまでもなくヒトラーは、この世界大戦のさなか重要な判断において、幾つかの誤りを犯し、それが最終的な敗北に繋がっている。

しかしこの作戦に関しては、まさに完璧としか評価しようのない頭脳の冴えを見せるのである。

この大胆な作戦には〝ケルベロス〟という名称が与えられた。これはドイツオペラに登場する地獄の番犬からとられたものである。

ブレスト港を出港するのは、まず針路に敷設されていると思われる機雷を除去する掃海艇の集団、続いて主力部隊を先導する六隻の駆逐艦、そして重巡プリンツ・オイゲン、戦艦シャルンホルスト、グナイゼナウである。そして海峡に沿って配備されている七ヵ所の基地から、メッサーシュミットＢｆ１０９戦闘機多数が上空からエスコートする。これらは艦隊が北上するのにつれ、次々と引き継がれ、常時二〇〜四〇機が滞空するという強力な戦力であった。

全行程は六〇〇キロ近いので、航行に要する時間は三〇時間。したがってほぼ中間点に当たるのが、もっとも海峡の幅が狭いドーバー／カレー沖となる。

しかもこのときには白昼であった。

こうなるとイギリス、フランスの人々とともに、全速力で海峡を突っ走るドイツ艦隊、とくに主力の三隻を肉眼で見ることになる。

このような状況で、最初にドイツ側を発見したのが哨戒中のスピットファイア戦闘機である。しかしこのパイロットは厳重な無線封鎖という命令を守り、基地に帰投するまで「敵艦隊発見」を報告しなかった。

これにより二時間近い遅れが生じ、イギリス側は大きな不利を被り、それはこの戦いの最後まで尾を引くことになる。

一方、ケルベロス作戦に参加しているドイツ海軍の艦艇は、敵に発見されたと考え、

ドイツ戦艦シャルンホルスト

速力を上げてドーバーを目指す。

主力のシャルンホルスト、グナイゼナウは、正確に言えば戦艦ではなく、攻撃力は劣るものの高速の巡洋戦艦であった。主砲の口径は一一インチとかなり小さい。その代償として機関出力を大きくし、このため最高速力は日本海軍の大和級よりも六ノット（一〇キロ／時）も速い。また重巡プリンツ・オイゲンも同じ程度の高速を発揮可能であったため、確実に距離を伸ばしていった。

これに対してイギリスの対応は大幅に遅れ、しかもこのような状況を全く想定していなかったため混乱を極めた。

ドイツ艦隊に対抗できる主力艦は、準備不足で戦場にとうてい間に合わない。わずかに少数の駆逐艦、空軍機、海軍機が慌てて阻止に出動する。

さらに数隻の魚雷艇もこれに加わった。なにしろ基地からは肉眼で、沖を疾走する敵艦の煙突の煙を確認できるのである。しかしその後も、イギリス側の戦闘準備は充分ではなく、結局、接触できたのは十数機の空軍機、より少数の海軍機のみであり、この戦力でドイツ艦隊を阻止するなどまったく不可能であった。そのうえイギリス機が近づこうとしても、二〇～四〇機からなるメッサーシュミットが完璧に守備を固め、接近を許さない。

この攻撃でもっとも悲惨を極めたのは、六機からなる複葉の旧式雷撃機ソードフィッシュ編隊であった。イタリア海軍のタラント港への夜間空襲、ドイツの巨大戦艦ビスマルクの撃沈などの戦闘で、大活躍したソードフィッシュであったが、この戦闘ではまったく付け入る隙がなかった。

短時間のうちに、なんら戦果を挙げないまま全機が撃墜されている。

これ以外にもイギリス側の航空攻撃はすべて失敗。戦果の無いまま四二機が失われ、戦死者は四〇名であった。一方、ドイツ側にも空中戦で損害が出ているが、その数は二二機、戦死者は三六名に留まっている。

このあと二隻の戦艦は機雷による軽度の損傷を受けたものの、ほぼ予定通りにキー

この戦いで全滅したソードフィッシュ雷撃機

ル軍港に到着し、ケルベロスは見事に成功したのであった。

このようにドイツ戦艦の英仏海峡突破は、戦闘の規模としては決して大きなものではない。戦死者も前述のごとく、両軍合わせて一〇〇名に達していない。

しかし世界でもっとも強力、かつ最古の伝統を誇るイギリス海軍としてはなんとも屈辱的な失態であった。

本国の目の前の海域を、敵の主力艦がしかも白昼堂々と航行し、それらを撃沈するどころか、かすり傷さえ与えることが出来なかったのである。

海軍の首脳に向けたイギリス国民の怒りは、まさに収まるところを知らなかった。

反対の面からは、ヒトラーの予想はもの

の見事に的中したと評価できる。彼曰く、イギリス軍はこのような敵の大胆な作戦など思いもよらず、したがって充分な阻止行動、有効な反撃など絶対に不可能と断言していたのであった。

この日の夜、彼とドイツ海軍の指揮官たちが、三隻のキール到着を祝って大いに祝杯を挙げたことに間違いはない。

ただその喜びも束の間であった。間もなく、イギリス側の復讐が始まる。多数の爆撃機を動員して、今度はキール軍港への攻撃を開始するのであった。

これによりシャルンホルストは生き延びたが、グナイゼナウ、プリンツ・オイゲンは大きな損傷を受け、その後二年以上にわたって戦争が終わるまで外洋に出撃することはなかった。

またシャルンホルストは空襲からは無傷であったものの、二年後、北岬沖海戦でイギリス戦艦によって沈められる。一二月の冷たい北の海に脱出した乗員のほとんどは助からなかった。

このような歴史的事実を知ると、ケルベロスの成功はドイツ海軍にとってまさに〝真夏の夜の夢〟に過ぎなかったのかもしれない。

地下トンネルが兵士を守る
――ベトナム戦争

ベトナム戦争の前半、戦いの主役は南ベトナム民族解放戦線ＮＬＦであった。

アメリカ軍は、彼らをベトコン（ベトナムの共産主義者）と呼んだが、すべてがコミュニストというわけではなく反政府主義者、民族主義者も加わっていたから、やはり解放戦線（軍）とすべきであろう。

この組織は、大戦後すぐに勃発した宗主国フランスからの完全独立を目指したベトミンのあとを継いだものである。

したがって、

インドシナ戦争→ベトミン対ベトナム政府軍、フランス軍

ベトナム戦争→解放戦線、のちには北ベトナム軍対政府軍、アメリカ軍

という図式になる。

一九六〇年ごろから激化したNLFの武力闘争のほとんどは、カトリックを信奉する南ベトナム政府に対する戦いであった。

戦場は当然、南の首都サイゴン（現ホーチミン）市周辺となる。

NLFはこの市の南東四〇～五〇キロ付近に広がるクチ地区を、闘争の拠点にしていた。

といってもゲリラ主体の戦闘であるから、大基地、要塞といったものではなく、地区全体の広い範囲を支配下に置く。

ここはゴム園、林、背の高い灌木からなり、近くをメコンの支流であるサイゴン川が流れている。この川は、そのまま広大な穀倉地帯であるメコンデルタにも繋がっている。

解放戦線は、対仏闘争のころからこの地区の地下に巨大な構築物を造り上げていた。

それはコンクリートを使った強大な陣地などとは、全く異なる構造を持つ。

総延長は二〇〇キロにも及ぶ地下道であり、それは網の目のように張り巡らされていて、ところどころに待機所、食堂、休憩所、倉庫、病室、会議室などと結ばれている。

地下の住居。後方に連絡用の横穴トンネルが見える

しかも中には地下に二層、三層と掘り下げられている個所もあった。さらに何本かのトンネルはサイゴン川に繋がっている。

ここに最盛期には数万の解放戦線ゲリラが潜み、機会をうかがって首都サイゴンの中枢部、政府軍、のちにはアメリカ軍の基地を襲撃する。

しかもそれが終わるとすぐに撤退し、地下施設に姿を隠すのであった。

戦争が長引くにつれ、カンボジア、ホーチミン・ルートによって多くの武器がこの地に持ち込まれ、ゲリラの戦力は徐々に強化され、政府軍、そして派遣されたアメリカ軍にも無視できない存在になっていった。

一九六七年のはじめからアメリカ軍、南政府軍はかなりの戦力を投入して、クチの地下陣地の破壊に取り組んだ。

まずタイの基地からのB－52大型爆撃機を出動させ、大量の爆弾の投下を試みた。しかしこれは最初から失敗と判断された。この地区には多くの村や民家が点在し、大規模な爆撃を実施すればゲリラ以外の住民を殺傷する可能性が高かった。またそれを見越してゲリラはこの地を選んだのである。

続いてアメリカ歩兵師団と南の海兵隊が戦車を伴って侵攻、地下の拠点の壊滅を狙った。これはそれなりの戦果は挙ったものの、反撃にあい複数の戦車が破壊されている。

しかも解放戦線の兵士たちは、状況が不利と判断するとすぐに地下トンネルに身を隠し、攻撃を逃れるのである。

これ以外にアメリカ政府軍は、種々の方法でトンネルの壊滅を図った。ブルドーザなどの土木機械を使ってトンネル、地下室を押しつぶす、地下道に大量の水や催涙ガスを流す、液体爆薬を使って爆破するなど。

このいずれもかなりの効果を挙げたが、それは常に部分的なものでしかなかった。ともかく網の目のような地下通路、葡萄の実のように連なる地下室、川と繋がっている地下の入り江など、どのような手段を用いてもそのすべてを破壊することは不可能

クチ地区の戦いで撃破された政府軍のM41戦車

であった。

そのため攻撃する側は、トンネルラット（ねずみ）戦術を考え出した。兵士のなかから体格の小柄な者を選び、トンネルの内部に侵入させるのである。これはかなりの危険な任務のため、あくまで志願制であった。

歩兵師団の工兵部隊からは一〇〇名以上がこれに応募し、トンネルに入り込んだ。なかでは解放戦線の武器倉庫、司令所などにC４型爆薬を仕掛け破壊する。もちろんこれもそれなりの効果を発揮したが、他の方法と同様に全面的な壊滅という目的からはほど遠かったのである。

結局クチ地区のトンネル、地下施設は、戦争が終わるまで生き残り、多くの解放戦線兵士をアメリカ、政府軍の攻撃から守ることに成功したのであった。

そして一九七五年に戦争は終わる。それから一〇年近い歳月が流れ、ベトナムの観光が許されると、この場所は有名な観光地となる。

アメリカをはじめ世界中から〃クチのトンネル〃の見学に訪れるのであった。筆者も二度にわたり当地を訪れ、服を汚しながら実際に内部に入ってみた。

地下室はともかく、通路は身をかがめないと進むことは出来ず、しかも多くの虫が這いまわっている。深いところは暗いままで、河が近いためか湿度が高い。解放戦線の兵士たちは一〇年近くここに留まって戦い続けたのである。

彼らにとっても決して居心地が良い場所ではなかったと思われるが、ともかく地下はどのような場所よりも彼らにとって安全な母の胎内に匹敵したであった。しかしベトナム戦争も歴史の中に消えつつあり、この解放戦線の聖地もいつかは忘れ去られるのであろう。

見違える進歩を見せたエジプト軍
――第四次中東戦争

第二次大戦が幕を下ろしてから数年たち、スエズ運河の東側の地域ではそれ以後長く続くことになる中東戦争が勃発する。

これはパレスチナ地方に、ユダヤ民族が新しい国家イスラエルを建設しようと動き出したことに起因する。

この国家新設の是非に関してはアラブ、イスラエル両側にそれぞれ言い分があり、しかもこの背後にはアメリカをはじめ多くの国の思惑が存在したため、複雑な様相を呈することになった。

そのような中で一九四八年、ついにイスラエル建国を原因とする第一次中東戦争が始まった。

イスラエル独立戦争の際、低空から爆弾の代わりにシャンパンを投下するスーパーカブ軽飛行機（RCG）

実際の戦闘はエジプト、パレスチナ人対ユダヤ人武装組織の戦いであった。

後者はまもなく統一されイスラエル軍となるが、最初のうち人員、兵器とも不十分で苦戦を強いられた。

ともかく一例として爆撃機の不足から、掲げた写真の如く前線に軽飛行機まで動員しなければならない状況であった。

しかしながらアラブ側の抗戦意欲の不足、組織の不統一などが原因で、形勢は徐々に逆転し、翌年にはユダヤ側の勝利、そしてイスラエルの建国となった。

その後、同国は世界に散らばっているユダヤ人からの多額の財政的支援を受け、国力、とくに軍事力を充実させる。

そして一九五六年から五七年にかけて、

次の戦争である第二次中東戦争となった。

これはフランスが所有権を持つ、世界の大動脈であるスエズ運河に関して、エジプトが国有化宣言をしたことに端を発している。

このため英仏、イスラエル軍対エジプト（アラブ連合）軍の戦いとなった。

兵員数では勝るエジプトだが、軍事的優位性を持つ三ヵ国の攻撃を支えきれず、エジプトは敗れる。しかしこの三ヵ国の強引な手法に、アメリカ、ソ連までが手を携えて反対し、政治的にはエジプトの勝利となった。

その一方でイスラエル軍は、エジプト軍を徹底的に撃破している。

それから一〇年、今度はイスラエルが単独でエジプト、シリアなどを奇襲攻撃し、第三次中東戦争となる。アラブ側はこれをあらかじめ予測することが出来ず、緒戦から打撃を被るのであった。

これはイ軍の領土拡大、および増強を進めるエジプト軍に対する予防攻撃といった意図を有していた。

開戦直後、イスラエル軍は豊富な空軍力を駆使し、エジプト、シリアの航空基地を壊滅させ、この二つの国の領土を占領する。

とくに、エジプトの広大な領土であるシナイ半島がイ軍のものとなった。

この戦争はわずか六日間でイスラエルの全面的な勝利に終わり、世界は常勝イスラエルといった状況を感じ取ったのであった。

たしかに第一～三次の戦争において、アラブの盟主エジプトはイ軍に大きな損害を与えることなしに敗れ去った。

その後、またまた時は流れる。その後の五年間、エ軍はすべての敗北の原因を学び、次の戦争に備え研究を続け、さらに訓練の徹底、新兵器の運用技術の向上に取り組んだ。

そして一九七三年一〇月、エジプトはシリア、イラクなどと図り、新しい戦争を決意する。

これが第四次中東戦争で、アラブ連合の中にあってエジプト軍は、見違えるほどの進歩をイスラエルに見せつけるのであった。

まず軍事大国ソ連に全面的な協力を仰ぎ、兵員の質的向上、新兵器、なかでもミサイルの大量取得、加えて戦術論に磨きをかけた。

そしてその結果に期待して、戦端を開いたのであった。まず軍部内部の情報統制に力を注いだため、その優秀さで知られたイ軍の諜報組織もアラブ側の戦争準備をまったく察知できなかった。

イスラエル軍のA－4スカイホークを迎撃するZSU23－4シルカ自走砲（RCG）

エジプト側がもっとも重要視したのは、イスラエルへの攻撃を宣言していながら、戦場では侵攻ではなく受け身の体制を整えたのである。

わかりにくいが、積極的な攻撃に出たのは、運河に隣接するシナイ半島に置かれたイ軍陣地の破壊のみであった。

砂漠の砂で造られた防衛ラインを強力な放水によって崩し、同時に複数の仮橋を設置し、運河を渡る。そこに今度はミサイルを大量に配備した陣地を構築する。

間もなく殺到するイスラエルの機甲部隊、地上攻撃機を迎え打つのである。

このエジプト軍の思惑に全く気付かなかったイ軍は、先に成功した戦術を踏襲して反撃した。まず航空、地上軍の先制

大型のSA－2ガイドライン

攻撃で、いずれも第三次（六日間）戦争の経験に基づくものである。

ダグラスA－4スカイホーク、マクダネルF－4ファントムによる対地攻撃から、それは開始された。他方、エ軍はこれに対して自軍の戦闘機を差し向けないままであった。空中戦の技術では、いまだにイ空軍に太刀打ちできないというのがその理由である。

中高度の来襲に対しては大量の地対空ミサイルSA－2（S－75）ガイドライン、また低空攻撃にはZSU23－4対空自走砲シルカを準備して待ちかまえる。

言ってみれば多くのミサイルおよび対空砲を中心とする、積極防御戦術と表現されるものであった。

大量に使用されたフランス製のSS－10対戦車ミサイル

日頃、優秀な人材を誇るイスラエル諜報機関モサドも、これに気づかず、延べ一〇〇機以上の航空機を投入して地上のエジプト軍の撃滅を目指した。

その思惑は完全に崩れ、開戦初日、二日目には、イ空軍は先の対空兵器により実に三〇機を超える航空機が撃墜されている。これは保有する実戦機の、一〇パーセントを超える損害であった。

続いて地上戦であるが、こちらも先の戦争の教訓からイ軍は戦車を先頭にした機甲戦によって、エ軍陣地の突破を図る。

ここでも待ちかまえていたのは、二種の対戦車ミサイルであった。フランスから購入したSS－10（有線誘導・地上発射型）、ソ連製のAT－3サガー（歩兵携行式）、これに加えてＲＰＧ－２／７対戦車てき弾発射機などがこの戦いでは充分な効果を発揮し、イ軍のＭ48、60、センチュリオンといった戦車を痛撃する。

加えてミサイルで損傷し動けなくなった戦闘車両を、複数の歩兵がＲＰＧで至近距離から仕留めるのである。

空でも陸上でもそれまで常勝だったイ軍は、はじめて危機にさらされた。

これに衝撃を受けたのはイ軍司令部と、常にイスラエルの後ろ盾であったアメリカだった。

とくに戦車部隊が大損害を受けたことを知ると、この国の陸軍の崩壊さえ懸念されたのである。

これを防ぐため、アメリカは超大型輸送機ロッキードＣ－５ギャラクシーを使って、毎回二台のＭ60戦車、合わせて数十台をイスラエルに送っている。

それまでの戦史を顧みても、戦車の空輸など皆無で、この事実こそイ軍の敗北の可能性を思わせるのである。

それでも一週間もたつと、イ軍は徐々に立ち直る。スエズ運河の北方に機甲部隊を送り、体勢の立て直しを図った。この時点で国連が仲介に乗り出し、第四次中東戦争は幕を下ろす。

それにしてもそれまで敗北を続けたアラブ・エジプト軍にとって、「イスラエル軍不敗という伝説」を根本から覆すことに成功したのであった。

さらにイスラエル軍部も、今までの如くアラブの軍隊を軽々と一蹴することはもはや困難である、と痛感した。

このため休戦の条件でも大幅に譲渡し、先の戦争で占領していたシナイ半島の全面返還にも応じている。

そしてこの戦争が終わると、アラブの雄エジプトとは対立よりも融和への道を進むことになるのであった。

もちろんイスラエルとパレスチナの摩擦は解消されないままだが、少なくとも中東の大規模戦争の芽は確かに摘まれたと言えよう。

この事実からエジプトの努力は、最大の成功だったのである。

目に見えない高等戦術
――オペレーションリサーチ

第一次世界大戦が終了して間もない一九二〇年頃から、イギリスの一部の物理学者、数学者などから大規模な戦闘を数学的に分析できるのではないか、といった意見が出された。

しかしこれはあまり注目されることなく、その後二〇年が経過した。

そして再び注目を集めたのは、第二次大戦初期にアメリカおよびイギリスの植民地からイギリス本土を目指す輸送船団が、ドイツ海軍の潜水艦Uボートによって大損害を出している現実であった。

このためイギリスの政府、軍上層部は研究グループにこの分野の戦闘への助言を求めた。これに応じて立ち上がったのがオペレーションリサーチという、物理数学理論である。

戦後に至るとこれが我が国にも伝わり、作戦研究ＯＲと訳される。

しかしこれだけでは何のことかはっきりせず、もう少し説明を試みたい。

「意志決定に係わる科学的アプローチ」

正直なところこれでも分からない。

「さまざまな計画、目標にさいして、成功させるため数学的、物理学的、統計学的にもっとも効率良い方策を考える科学的手法」

こちらはだいぶわかり易い。つまり科学的に目的を達成するため、効率の良い手段、手法を研究するということであろう。

このＯＲに関しては、イギリスで考案され、のちにはアメリカのグループも協力する。

中心になるのはブラケットサーカスという、あまり意味の分からない学者の集団である。彼らのなかにはノーベル賞受賞者、数学のフィールド賞受賞者それぞれ二人が加わっており、軍人はあくまでオブザーバー（意見を聴く側）であった。

彼らが最初に取り組んだのは、先に触れた、Ｕボートによる船団の被害の減少であった。これには二つの取り組み方がある。

1、まず船団を守り、沈没船を減らすこと。
2、集団で攻撃してくるUボートを撃滅すること。

この二つは関連しているが、ともかくどのような対策、手法が考案され、実行されたのか、見ていきたい。それはどちらについても多数が提案されたが、効果の著しかったのは次の通りである。


◦船団の規模は大きいほど、被害の割合を少なくすることが出来る。

◦戦場に当たる大西洋の月の明るさを考慮して、船団を運用する。

◦対潜掃討グループは二、三隻のチームで活動し、一隻の潜水艦に対してはそれ以上の艦艇を投入する必要はない。

◦水深の深い位置にいる潜水艦への爆雷攻撃は効果が薄く、出来る限り浅い深度の敵を攻撃すべきである。

◦従来の爆雷とは全く異なった新しい前方投射型の兵器を開発する。


数学、統計の手法から得られたこれらのアドバイスは、恐ろしいほどの効果を発揮し、船団の被害を大幅に減少させると共に、Uボートの撃沈数を増やしたのである。

これこそORの神髄であった。この船団の運航、潜水艦への攻撃に関しては、ORの戦術が行きわたり始めた一九四三年以降、Uボートの数が増加しているにも関わら

今もキール軍港に展示されるＵボート7C型

ず、被害も撃沈数も明確な改善が見られた。一九四一年夏の時点で、輸送船対Ｕボートの喪失率は一三対一であった。

これは言いかえるとＵボート一隻が沈められる以前に、何隻の船を撃沈したのかという数字である。これが一九四四年の夏になると三対一までに、改善されている。

ＯＲという科学がいかに戦局の好転に寄与し、見事な成功を収めたかを示す実例であった。さらにブラケットサーカスは、航空の分野でも大きな功績を残す。

例えばアブロ・ランカスター、Ｂ－17フライングフォートレスといった大型機が大編隊でドイツ本土を爆撃するような戦闘の場合である。

爆撃機の装甲板の設置方法、防御用銃座

の位置、敵戦闘機の攻撃の効果を減らす編隊の組み方、護衛戦闘機のもっとも有効なエスコートの方法など、個々に見れば特筆する必要のないものもあるような気がするが、ＯＲが示す改良点を実際、かつ忠実に取り入れると明らかに爆撃機の損耗の削減に繋がった。

ここまではすべてヨーロッパ戦域における研究だが、一九四四年の秋から翌年八月の日本の敗北に至るまで、太平洋戦域でもいくつかの研究がなされ、それを活かしたアメリカ軍のための提案がなされている。

例えばニューギニア戦における日本軍陣地への攻撃に関する優先度、日本本土爆撃のさいの目標の選定など、画期的とは言えないもののかなりの効果を挙げた。ただ大戦後に至ると、ＯＲは戦争よりも効率を重視する企業経営手法に重きを置くようになる。

いくつかの大学では、この手法中心の学部まで誕生している。それはとくに日本、アメリカの経営者にとって重要とみなされ、経営学という学問は大きく方向を変えた。

その一方で朝鮮戦争、ベトナム戦争では、大戦間ほど取り入れられずに終わる。これはこの二つの紛争が、大規模な国家同士の物量戦、近代的な技術、科学戦ではなかったことが原因なのであろう。中国軍の人海戦術、ベトナムの密林における戦いへの対抗手段では、ＯＲ自体もそれなりに存在するものの、何となく影が薄くなる。

　この手法が素晴らしい輝きを見せ、多くの成功を収めたのも第二次大戦のみの事だったのかもしれない。

見事に目的を達成したふたつの機雷封鎖
――太平洋戦争・ベトナム戦争

艦船、船舶を攻撃する沈黙の兵器と言われる機雷。かつては機械水雷と呼ばれたこともあったが、現在では機雷が一般的である。

敵の船が航行すると思われる場所に、あらかじめ爆薬を仕掛けておき、これに船や軍艦が接触すると爆発、それらを沈める。

古いタイプの機雷は、球形の鉄球から数本の角が突きだしており、これが信管の役割を果たしていた。

鉄球はロープ、ワイヤーにより海底に繋がれている。このタイプの機雷は、三〇メートル前後の水深の場所に設置される。機雷の場合、これは敷設（ふせつ）と呼ばれる。

しかし第二次大戦の後半からこの兵器も急激な発達を遂げ、外観も大きく変わった。

円筒形、長方形といった形となり、見た感じでは旧来の機雷とは全く異なっている。

さらに改良されたのは、信管の種類である。

接触型は影を潜め、水圧型、磁場感知型、音響感知型、さらにはこの複合タイプも存在する。

中には大きなトランクの中に、数本の魚雷が格納されており、そのまま海底に沈座するものもある。センサーが前述の水圧、磁場、音響を感知すると、トランクの扉が開き魚雷型の機雷が敵の艦船に襲いかかるという仕組みである。

このような機雷は大戦の後半には実用化され、実戦に投入された。

ただ機雷はあくまで受動型の兵器で、その効果、戦果が公表されることはない。このことから沈黙の兵器、沈黙の脅威なのであった。

しかし実戦において大きな効果を発揮し、敵の国力を大幅に削減した実績を持っているので、ここでは見事な成功を収めた二つの機雷封鎖の実態を紹介する。

1　大日本帝国に対する機雷封鎖

太平洋戦争も終盤に入ると、マリアナ諸島から来襲するB－29大型爆撃機、機動部隊から発進してくるアメリカ海軍の艦載機によって、日本本土は次第に焦土と化していった。兵器の増産どころか、国民への食糧配給さえ滞る。

このような状況になお強圧を加えるため、アメリカは日本本土に対する機雷封鎖作戦〝飢餓〟を一九四五年三月末から実施する。

これは約四ヵ月続き、のべ一三〇〇機近いB－29爆撃機が、Mk25、26型といった機雷合わせて一万二〇〇〇個を日本周辺の海域に投下、敷設する。

これらの機雷は海面への衝撃を避けるため、落下傘により降下、その後自力で海底に沈んでいく。

敷設される水深は五〇メートル以下がほとんどで、一部はこれを五メートルに設定、利根川などの河口にも設置された。

機雷の重量は五〇〇キロ、爆薬は一五〇キロ、これだけの量が水中で爆発するとほとんどの艦船は船底を破られ沈没する。

日本海軍も、当然アメリカ側が近海、航路、港湾に機雷を敷設している事実に気づいていたが、掃海艇、掃海技術ともに不足しており、手の打ちようがなかった。

さらに戦争中であるから、どうしても沿岸交通を停止するわけにもいかず、小型船にかぎって航行させている。

このため四月から終戦までに、ひと月あたり四〇隻前後が沈没、あるいは大破し、実質的に海上交通路は使えなくなってしまった。

これが日本の敗戦を早めたことに疑いの余地はない。

間違いなく、アメリカの飢餓作戦は成功であった。

さらに戦争が終わっても、この機雷は日本にとって復興への妨げになった。

掃海に従事する海上保安庁、保安警備隊といった機関と人々が多大な努力を重ねても、ともかく一万個を超える機雷が存在するのである。

旧式の接触型機雷

このため戦後に至っても多くの船が触雷し、合わせて一〇〇〇人を超す人々が命を失っている。それでも一九六〇年代に入ると、日本の近海から危険な機雷はほぼ除去された。

しかし二〇一〇年代になっても、時々機雷の発見と爆破処理のニュースが伝えられている。

またこの封鎖された側のこと

を教訓として、海上自衛隊は世界最大の掃海艇部隊を創設した。

掃海艇の総数は一〇〇隻に近く、このうち六隻は一九九一年の湾岸戦争終了後、遠路ペルシャ湾まで遠征し、機雷の除去に活躍した。

2　ベトナム戦争におけるハイフォン港の機雷封鎖

一九六一年から本格化したインドシナ半島を巡るベトナム戦争は、七〇年代に入っても激戦が続く。

とくに一九七二年三月、解放戦線、北ベトナム軍が南ベトナム北部で大攻勢を開始し、南政府軍の危機が高まった。

ここに南を支援しているアメリカ軍は、北唯一の国際港ハイフォンの機雷封鎖を決定する。

当時、ソ連、中国、北朝鮮は、北ベトナムに大量の軍需品を供与していた。

中国、北朝鮮からの輸送は、もっぱら陸路、鉄道であったが、ソ連からは海路である。ひと月あたり平均三隻の大型貨物船が、戦闘機、対空ミサイルなどを積んでハイフォンに入港する。

この頃北ベトナムで一万トン以上の船舶の荷揚げ作業が出来るのは、この港しかな

空からの敷設に活躍したA－6イントルーダー攻撃機

かった。

アメリカとしてはなんとしてもハイフォン港を爆撃し、海上輸送を阻止したかったが、ソ連との軋轢、関係悪化を懸念すると、この港、そしてソ連の船舶を攻撃することはとうてい許されることではなかった。

そのため本来ならずっと以前に実施すべきだったハイフォン港への機雷封鎖に、このときになってようやく踏み切ったのであった。

機雷による封鎖ならソ連船を直接攻撃するわけではないから、摩擦も避けられる。しかも封鎖を公表するから、ソ連も強引に船を送り込むことはないであろう、という判断であった。

一九七二年五月から、アメリカ海軍はグ

ラマンA－6イントルーダー、ボートA－7コルセアといった艦載機を多数動員して、機雷の投下、敷設に踏み切った。

この作戦はダックフットと名付けられ、夏までに一万個が使われている。

日本封鎖と同様、港湾だけではなく大河、例えば紅河／ソンコイ河の河口付近にもＭｋ52、55型と呼ばれる機雷が敷設される。

この効果はすぐに現われ、ハイフォン港への船舶の出入は完全に停止した。

北側はほとんど掃海艇を有しておらず、急造の漁船改造艇を投入したが、除去にはほとんど役に立たなかった。

そのため十数隻の掃海艇が、中国から派遣されている。しかし機雷の性能を把握できず、あまり効果を挙げていない。

とくに海底の機雷の位置の測定、その種類の把握、潜水して除去、あるいは無力化など、現代の技術をもってしても決して容易ではない。

機雷の中には、除去のため接近してくる掃海チームを攻撃するシステムを備えているタイプさえ存在する。このようなことから北海軍の数隻、中国海軍の一隻が触雷沈没し、十数名の死傷者を出している。

結局、陸路はともかくソ連からの海上輸送は完全に遮断され、北は次第に和平に関心を示すようになる。とくに南ベトナムではなく、アメリカとの和平に向けた話し合いに乗りだし、翌年の春にはアメリカのベトナムからの撤退が決定する。この状況から、ハイフォン港の機雷封鎖は充分に目的を達成したと考えられる。

なお海域に残された機雷の除去は、北、中国海軍では完全に能力不足で、最終的に敷設したアメリカ海軍によってなされた。またこの実施については和平交渉のさい、北から要求された重要項目であった。

なお付け加えるが、機雷の性能に関しては、どこの海軍でも最高の機密にされており、詳細はほとんどわかっていない。

この事実もあって、明らかに掃海技術が機雷の持つ能力に追いついていないと思われる。したがって地味ではあるが、この兵器こそ注目に値すると思われるのであった。

金門島の攻防戦
——中国の国共内戦

一九四五年八月の大日本帝国の降伏により、世界戦争は六年ぶりに幕を閉じた。しかしその後まもなく中国本土とその周辺で、大規模な紛争が始まった。これは毛沢東率いる中国軍（紅軍、中共軍）と、蒋介石をいただく国民政府軍（国府軍）の衝突であった。

この戦いは一九四七年ごろから本格化し、最初は後者が優勢であった。ところが二年もたつ頃から中共軍が攻勢に出て、大陸の大部分の地域を手中に収める。

国府軍は少しずつ台湾に撤退し、この地に中華民国／台湾を築くのである。同時に国府軍は大陸反攻、中国軍は台湾解放を叫び、この状況は現在に至るも続いている。

そして一九五〇年一〇月一日、ついに毛沢東は中華人民共和国の建国を宣言し、新しい巨大国家が誕生する。

中国軍首脳は、これを機に台湾への侵攻を計画、まず手始めに本土から一〇キロしか離れていない金門島の占領を画策した。

もしこれが実現すれば、世界はこの国の力を現実として認めるはずである。

また金門を拠点にすぐ近くの馬祖島なども占領し、それを足がかりに台湾本島への侵攻も可能になる。

このため中共軍は第二八軍団を中心に三個連隊、兵員二万名を用意し、また一万名の予備兵力を待機させる。

いずれも国共内戦で経験を積んだ兵士たちであった。

しかしその一方で、中国軍は次のような弱点を抱えていた。

本格的な敵前上陸の経験はなく、さらに専用の舟艇を持っていない。

支援の航空機、戦闘車両も準備されていない。

これに対して国府、台湾側は、近い将来の中国軍来攻を予測し、島の防御態勢を固めつつあった。

兵力は三万名を超え、小規模ながら機甲部隊（軽戦車五台）も配備する。

また一五〇キロほど離れた本土からの、空軍の支援も可能であった。

さらにこれも相手の持っていない砲艦を、島の沖合に送り込む。

各所に急造ながら防衛陣地が造られ、その数は二〇〇ヵ所に上っている。

これらを有効に使って、連日訓練が行なわれた。ここらで中核となるのは第一八軍団で、やはり中国大陸で長いこと戦ってきた歴戦の部隊であった。

国府軍としてもこの戦いは極めて重要であった。この地で敗れれば、敵軍はここを拠点として、金門諸島、次には台湾海峡の近くに存在する澎湖諸島などを足場に、本島に攻め込んでくる可能性は少なくない。

もしかするとアメリカが本格的に支援してくれるかもしれず、地理的に近い朝鮮半島の緊張も高まりつつある。実際、この戦いの半年あとには、この半島を舞台に大戦争が勃発するのであった。

そのような状況下、一〇月二五日の未明から、金門島に向けて本土からの砲撃が開始される。これが止むと同時に、一〇キロの海を渡って二〇〇隻からなる舟艇群が兵士を満載して殺到した。

ただこれらの船舶は、本格的な上陸用舟艇ではなく、木造の漁船、連絡船などである。したがって重火器などはなく、兵士たちは機関砲、迫撃砲程度の火器の携行が精いっぱいであった。

これに対して台湾側は、それほど激しい反撃をしなかった。来襲した第一波は四〇〇〇名前後で、本隊は後ほど上陸してくると予想していたからである。

はたしてそれは第一日目の夕刻からになり、以後激戦が展開される。

さらに丸一日経つと、共産側は次々に兵力を増強し、第二八軍団の主力一万名が金門の地を踏む。

当然ながら台湾軍の本格的な反撃が開始され、浜辺と周辺の古寧頭(こねいとう)では凄まじい戦いが続く。

二日目の昼ごろになると、徐々に守る側の優勢が明らかになっていく。

上陸軍は銃弾、砲弾が不足すると本土から船で輸送しなければならないが、守る側には大量の備蓄があった。

さらに活躍したのはM－5スチュワート軽戦車である。数から言えばわずか五台と少ないが、有効な対戦車火器を持っていない中国軍は、この戦車の攻撃により大きな衝撃を受け、一部は撤退を余儀なくされる。

これに追い打ちをかけるように、台湾本土から飛来した一〇機のノースアメリカン

金門島で中共軍を攻撃する台湾軍のF－51マスタング戦闘機とM－5スチュワート軽戦車(RCG)

F－51マスタング戦闘機が、ロケット弾と機関砲で猛撃を加えた。

さらにもう一つ、上陸地点の沖合で、大活躍する台湾軍の艦艇の姿があった。

これはアメリカから供与されていた大型上陸用舟艇LST（制式名称は戦車揚陸艇、約一二〇〇トン）二一〇号改造の砲艦である。この船にはボフォース四〇ミリ大口径機関砲一〇門、二〇ミリ機関砲八梃が搭載されており、これがゆっくりと共産軍の漁船群に近づき猛烈な射撃を行ない、さらに次々とやってくる本土からの支援船を炎上させていく。

これにより共産側は予備兵力を送ることが出来ず、戦局は圧倒的に守る側に有利となっていった。

そして上陸した部隊の一部には、降伏する兵士も現われた。

この日の夜に入ると台湾側はますます圧力を強め、共産側に死傷者が続出する。明るくなると、ついに金門島の占領を諦め、脱出を開始する。

翌日の夜明けまで残敵の掃討が行なわれたが、この目途がつくと同時に足かけ四日間にわたる戦闘は幕を下ろす。

建国を記念するという意味もあって、大掛かりに行なわれた中共軍の金門島占領計画は完全に失敗。台湾軍は重要な島、領土の防衛に成功したのであった。

これ以後、金門諸島、澎湖諸島に対する共産側の侵攻は、一度も行なわれていない。それだけ共産軍にとって、この作戦の失敗の衝撃は大きかったのであろう。

この戦闘の人的損害に関しては、台湾側が極めて細かい数値を発表している。

台湾側　戦死一二六七名、負傷一九八二名
中国側　戦死三八七六名　負傷・不明・捕虜五一七五名
負傷者数が不明なのは、一部が船で撤退しているからである。

過去三年間の国境内戦でも、共産側がこれほど多くの捕虜を出すことは珍しい。

また人員の死傷について詳しい数値が発表されることは希で、信頼の度合いはわからないが、この戦闘で台湾側が圧勝したのは事実であろう。

さて最後に、金門島の激戦に関するエピソードを記しておきたい。

この戦いに旧日本陸軍の将校数人がボランティアで参加し、作戦を指導した。のちに彼らは蒋介石総統から感謝状が手渡されている。

大活躍したM－5スチュワート戦車は、〝金門の虎〟という称号が与えられ、現在でも戦跡に展示されている。同じ虎という呼び名ではあるが、こちらはドイツ陸軍の重戦車タイガーと比較するとあまりに小さく、可愛らしい感じを受ける。

台湾ではこの戦闘を、〝古寧頭戦役〟と呼び、同島に壮麗な記念館を建設し、現在に至るも非常に良く整備された状態にある。

台湾有事が叫ばれる昨今、金門島の将来はどうなっていくのであろうか。

戦術篇２　大西洋における対潜水艦戦闘

大英帝国を救った五〇隻の旧式駆逐艦
——第二次世界大戦

第一次世界大戦から登場した潜水艦は、設計者、用兵者が考えていた以上の凄まじい戦果を挙げる。

例えばドイツ海軍のあるUボートは、第一次大戦中に短時間で一万トンを超える装甲巡洋艦三隻を撃沈した。

排水量一〇〇〇トンに満たず、乗員数五〇名といった小型の軍艦によるこのような戦果は、あらゆる国の海軍軍人を震撼させたのであった。

それから二〇年後に第二次世界大戦が勃発するが、今度は予想通り潜水艦という兵器は、大国たとえば大英帝国、大日本帝国を崩壊寸前まで追い込んでいく。

もちろんそのような状況に対し、激しい反撃が実施され、大西洋、太平洋を血に染める潜水艦、対潜水艦の戦いが続く。

ここではこの潜水艦を巡って行なわれた、科学技術の頂点を分析する。

一九三九年九月一日、ドイツはイギリスとフランスに宣戦を布告し、第二次大戦がはじまった。しかし不思議なことに参戦国の間で、これといった激しい戦闘は展開されず、九ヵ月にわたりいわゆる西部戦線は平穏であった。

この状態が一挙に崩れるのは翌年の六月からで、このとき満を持してドイツ軍はフランスに侵攻、約ひと月で同国を占領する。

中立国を除けば、西ヨーロッパのすべての国が、ドイツ第三帝国の軍門に下ったのである。

このため大陸のすぐ西側にある島国イギリスは、完全に孤立し、海外からの輸入によってなんとか生き延びなくてはならない、という事態に陥った。

資料によって異なるが、イギリス国民が必要とする食糧、物資は年間一五〇〇万トン、イギリス軍のそれは一〇〇〇万トンであったから、合わせて二五〇〇万トンが人口七〇〇〇万の国に運び込まれなくてはならない。

当時にあって航空輸送の量などたかがしれているから、すべて海路によっている。

つまりこの頃の輸送船、タンカーの積載能力から考えると、一日当たり一隻がどこかの港に到着しないとイギリスは崩壊するということになる。

ドイツはこの状況を熟知しているから、イギリスの周辺の海域に平均五〇隻というUボートを配備し、息の根を止めようとした。

そしてこのときから一九四五年五月のドイツ降伏まで、イギリス本土周辺では潜水艦、対潜水艦の激しく、かつ凄惨な海の戦いが続けられるのであった。

同じ時期、本土上空におけるイギリス空軍対ドイツ空軍の死闘は、英国の戦い〝バトル・オブ・ブリテン〟と称されるが、一方こちらは　大西洋の戦い〝バトル・オブ・アトランチック〟と呼ばれることになる。

イギリスを目指す商船隊、輸送船団／コンボイはアメリカ、カナダ、南アフリカ、インド、オーストラリアから近づくわけだが、イギリス近海には海の狼ともいうべきドイツ潜水艦が待ち構えている。

通常コンボイは五～一〇隻編成で、これを駆逐艦一、二隻、駆潜艇一、二隻がエスコートする。輸送船の数に比べると護衛艦が少なからず不足し、トロール船なども投入された。

当時のイギリス海軍は二〇〇隻の駆逐艦を保有していたが、本国、地中海、北海、アジアなどに艦隊を分散していたため、コンボイに強力な護衛が必要なことは重々理解していたが、現実の問題としてさけなかったのである。

このため時間がたつとともに、商船の被害が続出する。この年の秋にはカナダからやってきたタンカー、穀物輸送船団がUボートの攻撃を受け、一六隻からなる船団の半数が失われるという悲劇も起こっている。

さらにドイツ軍の英本土上陸も予想されたため、護衛はますます手薄になっていった。

ここで首相チャーチルは、アメリカに懇願する。港に係留されたまま眠っている、旧式の駆逐艦五〇隻のイギリス艦隊への貸与である。

確かにアメリカのサンディエゴ、ポートランド、ニューポートニューズといった軍港には、第一次大戦の後期に大量建造された駆逐艦一七〇隻以上が保管されていた。ただしいずれも進水後二〇年を経ていて、だいぶ古びていた。

アメリカのルーズベルト大統領はこれを快諾し、
。ウィックス級二七隻、クレムソン級二〇隻、ワードウェル級三隻の貸与を決めた。ともかくこれらの駆逐艦は眠っているのである。

この五〇隻はいずれも旧式で、排水量は一二〇〇トン程度、乗員一二〇名、平甲板

ウィックス級駆逐艦ウィックス

（フラットデッキ）、四本煙突であった。

ただし船体の縦横比（アスペクトレシオ）が大きく、高速であった。

彼女らは次々とカナダの造船所に送られ、近代化改修を受ける。といっても状況が切迫していたので、整備、レーダー、対潜システムの更新であった。また運用時間が短かったので、経年変化は少なく、運用に支障はなかった。

改修作業が終わると、すぐにカナダを離れ、本土周辺海域で対潜作戦に従事する。乗員の大部分はイギリス人だが、少数のアメリカ、カナダ兵も乗っていた。

この五〇隻はドイツ海軍の水上艦との戦いが予想される海域には投入されず、任務はもっぱら大西洋における船団護衛である。

主砲が旧式の四インチ砲四門にすぎず、これではとうてい敵の巡洋艦、新鋭駆逐艦には太刀打ちできなかったからである。

また船体が小さく、荒れた海での戦闘は困難と判断された。

しかしゆっくりと大洋を進んでいく輸送船のエスコートなら十分役に立ち、新たに装備された対潜システムもかならず力を発揮する。

このようなチャーチル首相の思惑は見事な成功を収め、一九四二年以降、Uボートによるコンボイの被害は明らかに下降線をたどるのであった。

のちに研究者、歴史家は彼の決断を高く評価している。

もうひとつ、影に隠れて明らかになっていないが、アメリカ、カナダの海軍にとって大きな成果があった。

それはまだ戦争にはなっていないものの、近い将来闘う可能性がある日本海軍との戦闘の場合に関する教訓である。

この二つの国の海軍軍人は、大西洋の戦いに従軍することに拠って、対潜水艦戦術を身をもって学んだということである。

ともかく実戦に参加することに拠って、机上の教育、訓練とは全く違った経験を積んだのであった。

これが数年後の太平洋戦争において、どの程度役に立ったのか分からないが、この分野の戦闘の知識において、すくなくとも日本海軍をはるかに引き離したと考えるべきであろう。

群狼（ウルフパック）戦術の成功
——第二次世界大戦

船団のエスコートを増強し、損害を減らすことに成功したイギリス海軍。

他方、ドイツ海軍はその事実を把握し、早速別な新しい戦術を実行に移すが、それは一九四二年のはじめからとなる。

これまでのように船団を発見したら、それぞれのUボートが個別に攻撃するのではなく、四〜六隻が連携をとりながら集団で襲うというものである。

敵味方ともUボートを〝海の狼〟と表現していたことから、この戦術は〝群狼（ウルフパック）〟と呼ばれた。

大西洋上で潜水艦がイギリスのコンボイを発見すると、すぐには攻撃せず、見失わないように追跡しながら無線で仲間を呼び集める。そしてまず護衛艦の手薄なところを分析、もっとも有効な手段を決め、攻撃を敢行するというものである。

当然、無線で細かく打ち合わせを行ない、時には一隻が積極的に無線を発信、イギリス側の注意を引きつけ、この間、他のボートが魚雷を射ち込む。

さらに当時のイギリス側の護衛艦、たとえばフラワー級のコルベット（小型低速の簡易型駆逐艦）はUボートの無線を捉えたとしても、すぐには対応できなかった。

この理由はともかく速度が小さかったこと、有効な前方投射用の対潜水艦兵器を持っていなかったことに拠っている。

このため攻撃を受ける船団の数は減少したものの、狙われると大きな損害を出す。あるアメリカ発の貨物船団はこれにより五日間に二二隻中一〇隻、また別な船団は一週間に二四隻中一二隻が撃沈された。

群狼作戦を考案したドイツ海軍のデーニッツ少将

しかも護衛艦も一隻が沈められている。一方、ドイツ側の損害は一隻のみであった。前述の如く、一隻の輸送船には五〇〇〇トンの物資が積まれているから、この損失は当然黙認できるものではなかった。

それから半年にわたりこのような状況が続き、

Uボート部隊の将兵たちは、この期間を〝ハッピーアワー〟と呼ぶほどであった。

これは言うまでもなく、帰投後に基地の酒場が無料となる至福の時を差している。

それにしてもこの時期、Uボートの跳梁、跋扈は著しく、連合軍とくにイギリスに関して大西洋の戦いはまさに正念場に追い込まれていたのであった。

ただし結局のところ、戦争の勝敗は技術の差に直結する。今度は急増する損害に驚いたイギリス海軍が、少しずつ新しい対応策を打ちだし、ウルフパックを無力化し始める。これはまた先の場合と同様に、見事に味方に有利であるとともに、敵にそれなりの損害を強いることになる。戦場においての成功は、どちらの側であっても決して長続きはしないという教訓なのであった。

なお一九四三年以降、太平洋海域でも日本船団を攻撃するアメリカ潜水艦が、大西洋の戦いとは関連することなく、船団、艦隊に対する集団攻撃という戦術を採用しはじめる。

形はほとんど変わらないが、違いはアメリカ潜水艦のチームが三隻からなっているといった点であった。

これによる戦術が最も有効に働いたのは、一九四四年一〇月のフィリピン沖海戦のさいのことである。

日本海軍の主力であった戦艦、巡洋艦部隊が、連携してまぢかに迫りつつあった三隻のアメリカ潜水艦に襲われた。

多くの駆逐艦が警戒、護衛していたにもかかわらず、潜水艦はかなりの距離まで接近し、魚雷を発射した。

この攻撃で重巡洋艦二隻が沈没、一隻が大破し、この分野の戦力は本格的な戦闘がはじまる以前に大きく削減されてしまった。

またこのあとフィリピンにおけるアメリカ、日本軍の地上戦闘が激しくなると、日本側は距離的に近い台湾から増援部隊を乗せた多くの輸送船を送り出した。

これを察知したアメリカ海軍は、常時三隻からなる潜水艦の攻撃チーム数個をフィリピン—台湾間のバシー海峡に配置している。

これにより数十隻の輸送船がこの海に姿を消したが、これに対してアメリカ側の損害は極めて少なかった。

潜水艦による集団攻撃行動は、大西洋と同じように極めて効果的であった。

さらに日本海軍の対潜技術は、それを封じ込めたイギリスと全く異なり、少々乱暴な表現かもしれないが〝稚拙〟であった。

まず開戦に当たって、日本海軍には船団護衛という観念が希薄であった。

アメリカ潜水艦が次々と日本の艦船、船舶を撃沈し始めても、海軍はなかなか重い腰を上げず、海上護衛を担当する専門部署が立ち上がったのは終戦の一年半前にすぎなかった。

しかも対潜掃討に必須である前方投射兵器の開発も遅れに遅れ、これが実用化されるまで護衛艦は既存の兵器で戦う他なかったのであった。

これが一九四四年以降、アメリカ潜水艦隊の大活躍を許した原因であった。

それにしてもなぜ日本海軍は、この分野で大きく後れをとったのであろうか。

日本とイギリスはいずれも大陸に近い島国で、いったん戦争となれば海外から、あるいは海外への輸送が国家の去就を決めるのである。

もしかすると潜水艦の集団投入の成功例は、このような理由から大西洋より太平洋で多数見られたと分析すべきかもしれない。

ハンターキラーと新兵器ヘッジホッグ
——第二次世界大戦

Uボートの激しい攻撃にさらされたイギリス海軍は、軍の組織だけではなく民間の研究機関の協力を得て、一九四三年の夏ごろから新しい戦術と兵器を駆使して船団の安全率を大幅に向上させる。

それはUボート部隊の黄金期、ハッピーアワーを崩壊させるものであった。

○ハンターキラー戦術の採用

それまでエスコートに当たる駆逐艦、フリゲート（小型の駆逐艦）、コルベットからなる対潜グループは、ドイツ軍の潜水艦を発見するとできるだけ速やか、かつ手当たり次第に攻撃を加えていた。

数隻の水上艦艇は勝手に次々と敵がいると思われる海面に爆雷を投下し、その効果を確認することなく攻撃を続ける。

投下された爆雷はあらかじめ設定された深度に達すると、命中してもしなくても当然爆発し、周囲に膨大な気泡を発生させる。

現実の戦いでは、この泡が問題であった。もちろん敵艦に命中、あるいは損傷を与えていればよいのだが、そうでない場合一〇分以上にわたって水上艦の音波探知機ソナーの機能を妨害するのである。

泡が消え去るまで、駆逐艦はどうすることも出来なくなり、長い空白が生じてしまう。ともかくUボートの雷撃に対する警戒心のあまり、周囲の艦艇が多数の爆雷をやみくもに投下するのであった。

ここで研究者たちは、新しい提案を対潜部隊に示した。

まず二隻が一組になり、これが発見したUボート掃討の責任を持つ。

そして一隻がハンター（狩る役）、もう一隻がキラー（仕留める役）を受け持つ。役割分担が決まると、そのあと爆雷を投下するのはキラーだけとして、ハンターは敵の位置を探ることだけに専念する。

これにより使われる爆雷の数は大幅に減り、戦闘に従事する時間を延長することが出来る。当然、気泡の数も少なくなり、捜索が容易になった。

さらに無線による連絡を密にし、状況によっては互いの役割を交代する。わずかこれだけのことで、Uボートの発見と破壊の確率は二〇パーセントほど向上したと伝えられている。

このとき以来、Uボートエースと言われてきた、敵船撃沈五隻以上の熟達した艦長たちの多くが戦死するのであった。

通常の爆雷とその発射器

このハンターキラー戦術は特別の費用がかかるわけでもなく、さらに護衛艦の数を増すこともなく、大きな効果を挙げた成功例として、この分野に長く残ることとなった。

◦画期的な対潜兵器、ヘッジホッグの登場

Uボートとの戦いが最盛期を

迎えつつあった一九四二年、イギリス海軍は、画期的とも言うべき新しい対潜兵器を開発し、翌年から迅速に配備に取り掛かった。

これはそれまでの爆雷とは全く異なった、新技術、新発想の極致とも呼ぶべきものである。

文字で説明するとなかなか実感が掴めないと思われるため、まず写真を見ていくことにする。

ビール瓶の一〇倍ほどの大きさで、形もさかさまにしたビール瓶そっくりである。この重量三〇キロほどの迫撃砲弾が二四個でセットとなっており、それぞれには一六キロの爆薬が積まれている。

潜水艦を発見するとこれを発射するが、その散布界が興味深い。〇・二秒の間隔を持って発射された砲弾は、三〇〇メートルほどの距離で海面に落下するが、これは装弾された角度が少しずつ変化していることによって最終的には直径四〇メートルのリング状となる。つまりカウボーイが投げる投げ縄である。

航空機からこの状態を撮影した映像が残されているが、たしかにスプラッシュは見事な輪になっている。したがって爆雷の五倍といった攻撃半径を有するのである。この事実からUボートにとって極めて大きな脅威となった。

投網のごとく小型爆雷を発射する新型のヘッジホッグ

さらにもう一つ、このシステムは特異な能力を持っていた。二四発が海面に落ちて、ゆっくりと沈下していくが、どれも潜水艦に命中しないとすべて爆発しない。この理由は言うまでもなく、対潜艦艇が使用しているソナー／水中聴音機の探査を妨害しないためである。この点も従来型の爆雷とは大きく異なる。

また二四発のうち、一発でも命中すれば残りの二三発はそれを受けて誘爆、爆発し、潜水艦に致命傷を与える。

イギリス海軍の技術者、用兵者の誰が考案したのか不明だが、この新兵器ヘッジホッグはまさに革命的と評価されるべき軍事技術であった。

なおこのヘッジホッグとは動物の針ネズ

ミを意味し、まさに適当といえよう。

さらにそれまでの水上艦の後方、側方にしか投射できなかった爆雷とは違って、前方へも可能となっている。

このため潜水艦の撃沈の確率は急上昇し、一九四三年の秋にはひと月に一〇隻が失われている。ここに大西洋の戦いの勝敗は、明確になったのであった。

アメリカ潜水艦による大きな被害を知り、日本海軍もようやく前方への投射可能な対潜用迫撃砲を一九四三年に開発するが、これは小型の爆雷を前方に発射するだけの単純な構造であった。

たんに兵器の生産数ではなく、これまでとは大きく異なった新兵器を誕生させる能力からも日本海軍は敗れたのであった。

潜水艦の量産態勢
——第二次世界大戦

第二次大戦で多数の潜水艦を投入したのは、日米、英独海軍である。ソ連、イタリア、フランスは、次のような理由でこの艦種を使いこなせなかった。

ソ連海軍は、数から言えばかなりの隻数を揃えていたが、戦闘直前の政治的粛清騒動、主力がバルト海の奥に置かれていたこと、艦艇の整備が不良であったこと、乗員の訓練不足などからほとんど活躍していない。

イタリアも主力は地中海にあって、大西洋に出撃するさいにはイギリスが支配するジブラルタル海峡を通過しなくてはならず、これは大きな難関であった。戦争の前半は多少活躍しているが、以後はすべての分野にわたる極端な燃料不足が問題であった。

フランス海軍は開戦から約半年、ほとんど動かないままであった。一九四〇年春から活動を開始するが、わずかひと月で本国がドイツに降伏。

したがってその後はほとんど出撃せずに終わっている。

上記三ヵ国に比べると、主要四ヵ国の海軍、なかでも潜水艦隊は三年以上にわたって戦い続けた。

ただ日米英独の潜水艦隊の活躍ぶりには大きな差が生じてしまい、大いに戦果を挙げたのは、日本に対するアメリカ、イギリスに対するドイツであった。

アメリカの潜水艦隊は日本海軍の主力艦である戦艦、複数の空母を撃沈し、加えて大日本帝国の生命線である東南アジアと本国を結ぶ海上輸送路を完全に遮断した。

ドイツのUボートは、日本と同様に島国である大英帝国の封鎖を実施し、一時は完全に孤立に近い状態まで追い込むことに成功している。なにしろその開戦時に保有する輸送船の三三パーセントを沈めるか、航行不能に陥れたのである。

結局、潜水艦隊は大きな損害を出し、最終目的を果たすことは出来なかったが、これにはいろいろな面でイギリスを助けるアメリカの存在があったからである。さもなければイギリスは、ドイツの潜水艦隊によって降伏せざるを得ない事態を迎えたかもしれなかった。

ここで表に四ヵ国海軍の潜水艦の数を示す。細かい数字は数え方によって差があり、あくまでも一般的な数字としておきたい。

損失数には戦闘だけではなく事故の場合も含まれる。

総数に示す損失の割合は圧倒的に日本海軍が多い。太平洋は大西洋に比べてかなり大きく、面積あたりの損失数は少なくなるような気もするが、やはり日本海軍の潜水艦は他国のそれと比較してかなり大型で敵に発見され易かったこと、周辺技術が劣っていたことが原因だったのであろうか。

またドイツのUボートは日本海軍の潜水艦よりずっと小さく、排水量からいえば六〇パーセント程度であった。そして敗れたりとはいえ日本の六倍近い損失を記録しながら、なんと四〇〇〇隻近い連合軍側の艦艇、船舶を沈めており、その活躍は特記すべきであろう。

ここからようやく本題に入る。

米独の潜水艦が期待通りの戦果を挙げ得た理由は、どこに求めるべきであろうか。

これはいくつも挙げることが出来るが、特筆しておきたいのはその〝量産性〟である。

他の軍需分野についても同様だが、この両国は個々の兵器の優秀性は当然として、戦時においては「数こそ力」を勝利のための条件として最優先に考えていた。

ここで表の右側に注目して欲しい。こちらは総数に対するタイプ（型式による区分

列強の潜水艦の喪失とタイプ数

	アメリカ	ドイツ	イギリス	日　本
総　　数（隻）	270	1241	236	156
喪 失 数（隻）	78	733	70	127
喪失割合（%）	29	59	30	82
最大同型艦数（隻）	231	705	83	21
最大同型艦の割合（%）	86	57	35	14
大まかなタイプの数	10	23	18	27

け）を示している。当然対象になるのは、実戦に投入された潜水艦の種類である。

これまた分類方法は各種存在し、それによって数字は異なるので、先の総数と同様に一応の目安と考えてほしい。

・アメリカ　二七〇隻が一〇のタイプに分類され、うち二三一隻がガトー級（小改造のテンチ級を含む）

・ドイツ　一二四一隻のうち七〇五隻がⅦC型

両国とも出来るだけ艦種の数を減らし、量産に力を注いだ。製造中にいっさいの改造、改良さえ許さず、ともかく数を増やすことに専念している。このためガトー級二三一隻、ⅦC型七〇五隻という大量生産が実現した。

アメリカ海軍のガトー級潜水艦

実際、アメリカ海軍の資料によると、建造途中で「ガトー級のトイレが非常に使いにくいので位置を変更したい」旨の要求が用兵者から出された。

しかし海軍当局は、この改造要求を受け入れると建造計画に遅れを生ずるという理由から、却下している。

さらにⅦC型の改良は三ヵ所のみで、実に七〇〇隻を超える建造が続けられた。これまで触れていないイギリス海軍の潜水艦に関しては、全体的に日本海軍とよく似ている。艦種は一八タイプに区分され、次々と改良型が出現した。

それはともかく攻撃目標のドイツの艦船の出現が少なかったこともあり、特筆すべき戦果は挙げていない。

問題は日本海軍で、最初から排水量一〇〇〇トンを境として、大型の伊号、中型の呂号に分けて建造した。さらにこれは必ずしも間違いと言い切れないが、用兵側からの要求があるとできるだけそれに応じるべく努力した。

この結果、二七タイプにも区分けされ、もっとも標準的な潜水艦でも同型艦として二〇隻前後が造られただけであった。用法としても数々の失敗があり、乗組員の絶大な努力にもかかわらず、戦果は予想を下回ったと考えて良いだろう。

戦術篇3　ガダルカナル戦における五つの例

迅速の勝利　第一次ソロモン海戦

——太平洋戦争

南太平洋のソロモン諸島における最大の島が、ガダルカナルである。東西一六〇キロ、南北四八キロ、面積五三〇〇平方キロとかなり大きいが、一九三〇年代にあって人口は一万人に満たなかった。

一九四二年の八月から翌年の二月まで、日米両軍はこの島を巡って大規模、かつ凄惨な戦いを繰り広げる。

この半年間に日本軍は二万名を超える将兵、四〇隻の艦艇、二十数隻の輸送船、一〇〇〇機の航空機を失っている。一方アメリカ軍の損害は三〇〇〇名、三八隻、二隻、二〇〇〇機であった。

そして結局、日本軍はガダルカナルから撤退し、太平洋戦争の敗北への道を辿り始める。

もちろん勝利を確保したアメリカ軍も、それぞれの戦闘では常勝とは言えず、少なからず損害を出すと共に幾つかの敗北を記録している。

本項では、この島を巡って戦った両軍の成功例を掲げたい。当然、その裏には失敗が存在する。

一九四一年一二月の太平洋戦争の勃発から八ヵ月、戦力、生産力が順調に増加し始めたアメリカがついに本格的な反攻を開始する。

この最初の目標となったのが、ソロモン諸島のガダルカナル島であった。この頃、日本軍は島の北部に飛行場を造ろうとしていた。

約八〇〇名からなる部隊に守られた一〇〇〇人以上の建設労働者が、ようやく滑走路を完成させる寸前、アメリカ軍の大部隊が来襲する。それはまさに絶好のタイミングであった。

主力は四〇数隻の輸送船に乗った海兵隊一万名で、これを二〇隻の巡洋艦、駆逐艦などの艦艇が護衛と上陸支援を行なう。

この地の日本軍が弱体であったこともあり、初日の八月七日は多数の兵士がガダルカナルの地を踏むことが出来た。

同時に多くの兵器、軍需物資が無事に陸揚げされ、作戦は順調に進行するかに見えた。

もちろん日本軍の反撃の可能性は極めて高く、それに対応する準備も進められた。あらかじめ充分に練られた作戦行動なだけに、ここまでは計画通りであった。

また最初に実施された日本軍の阻止攻撃が、失敗したことも大きかった。

これはラバウル基地から発進した九六式、一式など二四機の陸上攻撃機による、アメリカの輸送船団への攻撃だが、その方法が水平爆撃であった。

どこの国の空軍も大同小異だが、この爆撃方法による戦術は、目標が船舶、艦艇であると爆弾の命中率は極めて低い。

このさいも一〇〇発以上の爆弾が投下されていながら、輸送船の被害は、船が停止していたにもかかわらずわずかに小破二隻のみであった。もし日本機が止まっている貨物船に対して魚雷攻撃を実施していたならば、すくなくとも一〇隻前後の船が撃沈、あるいは大破という状況に至ったと推測される。

それでも航空攻撃の失敗を知った日本軍は、すぐさま別の反撃を立案し、迅速に実行に移す。

これは複数の水上艦による、アメリカ艦隊の泊地への夜間攻撃であった。

急遽、編成されたのは、鳥海など重巡洋艦五隻、軽巡洋艦天竜など二隻、駆逐艦一隻である。

普通の状況なら少数の大艦に多数の駆逐艦が随伴する形だが、緊急事態とあって、なんとも不規則な編成であった。

これだけアメリカ軍の来襲が、日本側の虚を突いたということなのであろう。

それでも八隻からなる日本艦隊は、アメリカ軍の上陸から二日後ガ島に接近し、攻撃を開始する。基地を離れてからここまでの航程で、幸運にも敵に発見されることはなかった。

夜の闇を味方につけ、上陸地点の沖合にいたアメリカ艦隊（一部にオーストラリア軍も含む）に襲いかかった。

相手も重巡五隻、駆逐艦六隻からなり、戦力としてはほぼ同等であった。

しかしアメリカ側は、日本艦隊の接近に全く気付かなかった。

日本軍は艦載の水上偵察機を発進させ、アメリカ艦隊の上空に照明弾を投下させた。そして影絵のように浮かび上がる敵艦に、魚雷と砲弾を思う存分に射ち込んだ。また旗艦鳥海は危険を承知で、探照灯を点灯し、敵艦を照らし出す。

アメリカ側としても、当然何らかの形で日本軍の反撃があると判断していたはずだ

第一次ソロモン海戦で旗艦を務めた重巡鳥海

が、実際にはほとんど不意打ちとなった。

当時のアメリカ軍艦艇は、配備されたばかりのレーダーを装備していたが、この戦いでは全く使われていない。

さらに夜間ということもあって交戦距離は五〇〇〇メートル前後と極めて近かった。

このため魚雷、砲弾とも凄まじい命中率を見せ、アメリカ艦艇は大打撃を受ける。アメリカ軍の重巡三隻、オーストラリア海軍の重巡、合わせて四隻が沈没、残りの重巡一隻、駆逐艦二隻が損傷。

一方、日本側は重巡一隻が小破したのみという、海戦史上でも希な圧勝と言い得る。

二時間ほどの戦いの後、日本艦隊は戦場をあとに全速力で基地を目指す。

明るくなれば、ガ島からの敵航空機の追

撃が予想されたからであった。

その後、重巡一隻がアメリカ潜水艦の攻撃で沈められるが、これは別の戦闘である。

このように寄せ集めながら、日本艦隊は予想を上回る戦果を挙げ、これは見事な成功と評価すべきである。

ところが冷静に振り返ってみると、大きな失敗が明らかになる。

それは戦場の南二〇キロの海上に停泊中の二〇～四〇隻の輸送船団を、全く攻撃せず撤退したことである。

これらの貨物船の半分はまだ揚陸作業中であった。これらを護衛しているのはわずかに三、四隻の駆逐艦に過ぎず、日本艦隊が余勢を駆って攻撃すれば、その多くを撃滅できたはずであった。

見方によればこの船団は、アメリカ艦隊より数段重要な〝獲物〟だったと考えられる。

昼間の艦載機の攻撃を恐れるばかり、船団を見逃した日本艦隊は、まさに大魚を逸したというべきであろう。

もちろんこれは平時で、著者の如くかつ安全な状態にある後世の軍事史家の意見ではあるのだが。

もうひとつあらゆる〝判断〟の良否に関して、問題を提起しておきたい。

それは緊急事態、突発的な事態が生じた場合の判断である。

後からは拙速と言われようと、出来る限り迅速に手を打つ。

反対に正確に事態を把握し、可能な限り有効な対策を立ててから行動する。

このどちらが成功に結び付くのかという議論である。

。拙速に行動し、失敗したケース
まさに上陸初日に実施された、日本軍航空部隊による攻撃がこの失敗例である。当時、基地に航空魚雷がなく、一刻も早い反撃のため通常の爆弾を使用した水平爆撃が行なわれた。しかし前述のごとく戦果はわずかなものであった。

船団と揚陸作業にはなんの影響もなかった。これがたとえ出撃が二、三日遅れても魚雷攻撃であったなら、戦果は大きく、その後にはガダルカナルの戦いの行方を変えたかもしれなかった。

。拙速に行動し、成功に結び付いた場合
反対のケースが、これまで述べた日本海軍の水上部隊による夜襲が成功例である。

ともかく周辺海域にあった艦艇を寄せ集め、不揃いのまま攻撃を実行した。敵側の油断もあり、この突入は完全な成功を収め、大きな戦果を挙げた。

このような状況を知るとき、思いもよらぬ事態に対してどのように対処すればよいのか、誰であっても判断に苦しむという他ないのであろう。

そしてまたその良否には、評価のしようがないというしかないのであった。

日本戦艦による飛行場砲撃
——太平洋戦争

一九〇四～〇五年の日露戦争のさい、日本海軍の戦艦部隊はたびたび激しい砲撃をロシア軍に浴びせた。

とくに戦争前半の場合、その砲撃目標は遼東半島の先端に位置する旅順要塞であった。

この地には黒海におけるセバストポリと並んで世界最大と言われる要塞、そしてその後方の湾内には強力なロシア極東艦隊があり、日本側としてはどうしてもまず要塞そのものを破壊し、さらに敵の戦艦群を撃滅する必要があった。

このため三笠を旗艦とする戦艦四～六隻が、旅順沖合に接近し、両者に対して数回にわたり艦砲射撃を実施している。

もちろん要塞に設置された沿岸砲台、港内の戦艦からも激しい反撃があり、この陸と海の戦いは海戦史の上からも特筆されるものであった。

ただどうしてもかなりの遠距離砲戦となり、互いに相手に致命的な損害を与えるに至っていない。

このときから四〇年近い歳月が流れ、今度は日米間の戦争となる。

日露戦争のときには存在しなかった航空機の登場もあって、戦争の様式自体が大きく変わってくる。

勃発以来、海戦の主役は戦艦から航空母艦となり、前者の出番はどうしても少なくなってしまった。

実際に太平洋戦争において、日本海軍の戦艦が敵の陣地に向けて艦砲射撃を実施した例など皆無に近い。

そのほとんど唯一の機会が、ここに述べる戦艦金剛、榛名によるガダルカナル島のヘンダーソン飛行場に対するものであった。

すでに述べているが、一九四二年の八月初旬からアメリカ軍の反攻作戦が本格的に始まり、その最初の目的がガダルカナル島の占領と確保であった。

上陸すると同時に現地の日本の小部隊を駆逐し、飛行場を建設する。

平地をならし鉄板を敷いただけの簡易飛行場だが、その後半年にわたるこの島を舞台にした激戦で、それは絶対的な存在となる。

なおこの簡易飛行場／エアストリップは、ヘンダーソンと名付けられた。

これは二ヵ月前のミッドウェー海戦で、勇戦敢闘の末戦死した飛行士の名からとられたものである。

ここには数十機のグラマンＦ４Ｆワイルドキャット戦闘機、ダグラスＴＢＤドーントレス急降下爆撃機が配備され、戦闘の初日から日本軍の航空部隊、艦艇、輸送船、そしてのちには逆上陸してきた日本陸軍を徹底的に痛めつけるのであった。

さて別項に示すように、来襲したアメリカ軍に対してすぐさま日本側は反撃する。

上陸一日目にはラバウル基地からの航空部隊が、二日目には八隻からなる艦隊が船団の泊地に攻撃をかけている。

たしかにアメリカ艦隊には大きな損害を与えるのだが、船団を見逃してしまい、海兵隊は短期間に一万名からなる強固な基地を確保するのであった。

日本軍はこれを軽視し、まず三〇〇〇名の部隊を、つづいて八〇〇〇名を送るが、アメリカ軍の戦闘力の前には撃破されるばかりであった。

なかでも急造のヘンダーソン飛行場から飛び立つ戦闘機、爆撃機は前述の如く、日本軍への攻撃の手を緩めない。

この飛行場が存在する限り、ガ島の奪還などとうてい不可能であった。

そのため日本海軍は金剛、榛名の二隻の戦艦を投入し、それぞれが持つ一二門の主砲の砲撃力によってヘンダーソンの無力化を立案する。

この二隻はかなり旧式ながら大改装を終えており、三〇ノット（五五キロ／時）という高速である。より強力な砲力を持つ長門級の二五ノット、大和級の二七ノットと比較してその差は大きかった。

アメリカ軍の上陸から二ヵ月後の一〇月一三日、巡洋艦、駆逐艦に守られた二隻は、夜の闇にまぎれてガダルカナルに接近する。

幸運にもこれまで全く発見されず、妨害も受けないままであった。

島内の日本陸軍は数ヵ所に灯火を設置して、飛行場の位置を砲撃部隊に知らせる。それを確認した、二隻合わせて二四門の三六センチ砲が、絶え間なく砲弾を送り込む。

またこのさい使われた砲弾は、三式弾と呼ばれる対地攻撃用の焼夷弾であった。通常、戦艦は敵の戦艦を撃破するために一式徹甲弾を使用するが、これは装甲に対して効果があるものの、地上目標（軟目標とも言われる）に対してはほとんど役に立たない。

三式弾は空中で爆発し、子爆弾をまき散らすため、建物、車両、兵員、陣地などには極めて有効であった。

アメリカ側はこの艦砲射撃を全く予知しておらず、反撃も皆無であった。

このため二隻は二時間にわたって、八〇〇〇発以上の一四インチ砲弾を発射、これによりヘンダーソン飛行場に大火災が発生し夜空を赤く染めた。さらに主砲だけではなく口径一五センチの副砲まで発射している。

ガ島砲撃のため進撃中の金剛

島内の陸軍は「戦艦の砲撃は、陸軍の野砲一〇〇〇門に匹敵。また敵飛行場は火の海」と喜びの連絡をしてくるという状況になった。

戦艦を投入した日本海軍の攻撃は、望み通りの戦果を挙げた。

ヘンダーソン基地にあった航空機八〇機のうち五〇機が完全に破壊され、また航空燃料の八〇パーセントが焼失、二〇〇名近い兵員が死傷している。

砲撃を終えると、夜明けを待たず日本艦隊は何ら損害を出すことないまま、この海域を去って行った。ここまでは、すべて日本側の思惑通りに運んだのであった。

したがって完璧な戦術的勝利と言い得るだろう。

アメリカ側の現地指揮官も、もしかするとガ島から撤退を余儀なくされると考えたに違いない。

ところがここから海兵隊と海兵隊航空部隊は、異常とも言える粘りを見せる。

艦砲射撃に続いて行なわれた日本陸軍の総攻撃は、兵員数から言えば同じくらいの海兵隊の死に物狂いの反撃によって成功しなかった。

このヘンダーソン飛行場の奪取の失敗に拠って、日本軍によるガ島を巡る戦いの勝利の可能性もなくなるのである。

明るくなるとわずか数機ではあるが、戦闘機が離陸し、接近しつつあった日本軍の補給船団を攻撃し始める。これが可能であった理由はのちに述べる。

それにより多くの兵員と物資が、島の近くの海で失われた。

それではなぜ二隻の戦艦があれほど激烈な砲撃を行ないながら、アメリカ軍の息の根を止めることが出来なかったのか。現在ではその理由がはっきりしている。

アメリカ軍はヘンダーソンとは別に、小さな新しいエアストリップを建設していたことで、日本側はこの存在に気付かなかった。

また戦艦が発射した砲弾のうち、対地攻撃用の三式弾は半分しかなく、残りはあまり対地攻撃に効果を期待できない徹甲弾を使ったこと。これは失敗とも言い難い。なぜなら、もしアメリカ艦隊が姿を見せた時には、三式弾では戦うことができず、そのため徹甲弾、焼夷弾を半数ずつ準備していたということなのであろう。

さらには戦艦部隊が飛行場攻撃のみに気をとられ、海兵隊陣地を攻撃しなかったこと。

このため直後に行なわれた陸軍の総攻撃が、成功しなかった。他方海兵隊は、自軍の補給船団が全く日本軍の妨害を受けなかったことから、この陣地に重砲、軽戦車まで運び込んでいた。

このようにして日本海軍によるヘンダーソンの無力化は、それなりの効果をもたらしたが完全ではなかった。しかも大戦中に、日本戦艦による本格的な対地砲撃は二度と実施されていない。

しばらくして日本海軍は再度、同じ戦術を採用し実施するが、次にはアメリカ側は戦艦を投入して阻止するのであった。これに関しては後述する。

そしてこの戦闘から三ヵ月後、日本軍はこの島からすべての陸上兵力を撤退させる。不思議なことに、一万名を超える陸軍兵士を敵の制空権下で無事帰還させるという作戦は、ものの見事に成功するという皮肉な結果となった。

本来なら日本海軍の作戦の成功例には、戦艦部隊の陸上砲撃より、この撤退を挙げるべきかもしれない。

アメリカ戦艦の投入の決断　第三次ソロモン海戦

――太平洋戦争

一九四二年一〇月中旬の金剛、榛名によるヘンダーソン飛行場への砲撃が成功したと判断した日本海軍は、一ヵ月後再び戦艦を投入して同じ効果を狙う。

それにともない、二度にわたり日米海軍の水上戦力による激烈な海戦が勃発した。場所はいうまでもなくガダルカナル島の北側の海域で、しかもどちらも夜間戦闘であった。したがって両者の交戦距離は異常に近かった。

さらに戦場は多くの島々が点在する狭い海面であり、このような海に戦艦が主役の戦いが起こるなど、海戦史上でも極めて希な出来事と言える。

いや人類の長い闘争の歴史の中でも、唯一なのである。

この状況を調べてみると、かなりの強力な戦力同士がぶつかり合い、双方が多くの損害を出している。
また二度の海戦は、日本側ではひとまとめにして第三次ソロモン海戦と呼ばれているが、実際には連続して行なわれた二つの別々な戦いであった。
そのため一一月一二〜一三日の戦闘を第一次会戦、一四〜一五日の戦闘を第二次会戦としている。
なおあまり聞き慣れない会戦という言葉だが、これは大戦力同士の戦闘を指している。
それぞれの参加艦艇と損害は、すこしでもわかり易くするため、表にしてみた。また沈没した軍艦のみを示すと次のようになる。
第一次会戦
日本側　戦艦一隻、駆逐艦二隻
アメリカ側　巡洋艦一隻、駆逐艦四隻
第二次会戦
日本側　戦艦一隻、駆逐艦一隻
アメリカ側　駆逐艦三隻
どちらの戦いでも両軍は多数の損傷艦を出しており、乗組員の死傷者数はまさに膨大な数に上った。

とくに第一次の場合、二つの艦隊を指揮していたアメリカ海軍の将官二名が戦死するという激しいものとなった。

また同海軍の巡洋艦、駆逐艦部隊は、それまでのガ島を巡る複数の海戦で日本艦隊の猛攻により沈没一一隻、損傷一四隻を出しており、完全に戦力不足となっていた。

一方、日本側はアメリカ軍の反撃により、戦争勃発後初めて戦艦（比叡）を失っている。

このような状況のなかで、日本海軍は実質的に最後となる水上部隊をガダルカナルに向けて送り込む。これは戦艦霧島、巡洋艦三隻、駆逐艦九隻からなり、非常にバランスのとれた編成といえた。

この作戦行動の目的は、繰り返し述べているように、戦艦の主砲の艦砲射撃によるヘンダーソン飛行場の無力化である。

また日本側の指揮官は、アメリカ軍の巡洋艦、駆逐艦戦力は、連日の海戦によって完全に消耗しており、もはや阻止戦力は皆無に近いのではないか、と考えていた。

これはほぼ正しく、前夜の戦いでアメリカ側は、軽巡洋艦一隻、駆逐艦四隻を撃沈され、重巡二隻、軽巡二隻、駆逐艦三隻が大きな損傷を受け戦闘不能に追い込まれているのである。これだけの大損害となれば、日本側の見方もそれほど間違っていなかったと考えて良い。

さて霧島を旗艦とする一三隻からなる艦隊は、予定通りガ島に接近した。まもなく飛行場に向けて艦砲射撃が開始される寸前、東の方角から近づいてくる艦影を発見、ここにまた夜間、狭い海域という状況で砲戦が始まった。

アメリカ艦隊は駆逐艦四隻を先頭に、戦艦ワシントン、サウスダコタの六隻であった。霧島が艦齢三〇年を数える旧式戦艦であるのに対して、アメリカの二隻は一六インチ砲九門装備の巨艦である。ワシントンは一九四一年、サウスダコタは四二年の竣工で、最新最強であった。

霧島の主砲は一四インチであるから、この一二門とアメリカ軍の一六インチ砲一八門（二隻の合計）の対決となった。

ここで強調されるのは、なんとしてもガ島飛行場を守り抜こうとするアメリカ海軍の強い意志である。

繰り返すが、充分な護衛艦もなく、夜間に、陸地に近い海域に、最新鋭の戦艦を投入するという決意！

彼らにもヘンダーソン飛行場の存在が、ガダルカナルの戦局を左右する要であると、充分に理解していたに違いない。

戦いが始まると、日本軍の攻撃は先導するアメリカ駆逐艦群に集中した。短時間のうちに四隻のうちの三隻が撃沈され、残る一隻も損傷を受け戦場から離れざるを得なかった。

これによりアメリカ戦艦二隻は、護衛なしで一三隻からなる日本艦隊と戦うという大きな危険を冒すことになる。

戦艦比叡より写された訓練中の霧島

まず霧島、二隻の重巡対サウスダコタの砲戦が始まり、このアメリカ戦艦には一四インチ、八インチ砲弾数発が命中する。これは大戦中、日本戦艦が敵の戦艦に砲弾を撃ち込んだ唯一の例であった。また日本駆逐艦は魚雷を発射したが、これは命中していない。もし一発でも命中していれば、その後の戦局は大

アメリカ戦艦ワシントン

きく有利に傾いたはずであった。

それでも霧島からの攻撃で、サウスダコタは数ヵ所に火災発生、主砲の二、三門が使用不能となり、一時は操船が不自由となる。そしてまもなく戦場から脱出する。

ただし一四インチ砲弾では、彼女の一六インチの装甲に致命的な打撃を与えることは不可能であった。さらに重巡の八インチ砲弾が命中しても、大損害とはいかなかった。

それでもここに日本艦隊の勝利が明らかになりつつあったが、直後にそれまで沈黙を守ってきたワシントンの猛烈な反撃が開始される。

戦闘の前半、どうも日本側は、アメリカ戦艦は一隻のみと判断していたのかもしれない。

　そのためワシントンは攻撃を受けないまま接近し、満を持して猛砲撃を加えるのであった。

第3次ソロモン海戦

第1合戦　1942年11月12～13日

日本艦隊：戦艦1、軽巡1、駆逐艦11、計13隻
損害：沈没　戦艦1、駆逐艦1
　　　損傷　駆逐艦2

アメリカ艦隊：重巡2、軽巡3、駆逐艦8、計13隻
損害：沈没　軽巡1、駆逐艦4
　　　損傷　重巡2、軽巡2、駆逐艦3

第2合戦　1942年11月14～15日

日本艦隊：戦艦1、重巡2、軽巡2、駆逐艦9、計14隻
損害：沈没　戦艦1、駆逐艦1
　　　損傷　なし

アメリカ艦隊：戦艦2、駆逐艦4、計6隻
損害：沈没　駆逐艦3
　　　損傷　戦艦1、駆逐艦1

　霧島は数弾を受け行動不能となるが、もともと装甲の薄い巡洋戦艦であったので、損傷は致命的であった。火災と浸水が同時に始まり、夜明けの来る前に沈没する。

　一方、新しい戦艦の出現を知った重巡、駆逐艦はこの敵艦を攻撃するが、ここでは不手際が続出し、比較的近い距離にいる巨艦になんら損害を与える

ことは出来なかった。

考えるにこのときこそ、戦争の全期間を通じて日本海軍がアメリカ戦艦を沈める唯一の機会であった。とくに水雷戦隊（駆逐艦隊）は、永年これを夢見て訓練を積んできたはずであるが……。

九隻による連続的な魚雷攻撃も、まったく命中せずに終わっている。

結局、サウスダコタは、中破し数十名の死傷者を出したものの無事脱出。

ワシントンは無傷であったが、駆逐艦隊は三隻沈没、一隻大破であった。

日本艦隊では霧島、および駆逐艦一隻が失われた。

しかし海戦の勝敗よりも重要なことは、これだけ日本の陸海軍が力を入れて攻撃してもなおヘンダーソン飛行場の機能が無事だった事実である。

翌朝、この基地から離陸したアメリカ軍機は、島に近づきつつあった一一隻からなる日本の輸送船団をすべて沈めるか、あるいは炎上させる。日本の船団は何度となく大損害を受け、一方アメリカのそれは補給に成功する。

これにより八月から両軍が死闘を続けてきたガダルカナルの戦闘の行方が、決定したのである。振り返ってみると、アメリカ海軍が危険を顧みず、この海域に貴重な戦艦二隻を送り込み、日本海軍の艦砲射撃を阻止したことは見事な判断であった。

サウスダコタ、ワシントンは一年後に、より新鋭のアイオワ級が就役するまで、米海軍の最強の戦艦であり、貴重極まりない主力艦であった。

ガ島を巡る多くの水上戦闘で日米海軍は、互いに損害を顧みず、死闘を繰り返した。両軍の戦果と損害は、奇しくも喪失した軍艦の数、合計した排水量ともほぼ同じ程度である。

しかし最終的な勝利を得たのは、後者と言わざるを得ないのであった。

補給に関する考え方が勝利の鍵を握る
――太平洋戦争

これまでガダルカナルの戦いを、主として海戦という面から取り上げてきた。しかし同島ならびにそのすぐ近くのツラギ島では、これと歩調を合わせて極めて大きな陸上戦闘が展開されていた。

なにしろ最大時には日本軍が三万名強、アメリカ軍が六万名近い兵員、一〇〇門を超える火砲、数百台の車両を配備し、たびたび激烈な戦いを繰り広げたのである。

その結果、半年にわたる戦いで、日本軍は二万名、アメリカ軍およびオーストラリア軍は八〇〇〇名の兵士がこの南の島の土となった。

ただし日本の二万名のうち、概数として戦死者は一万名、戦病死者五〇〇〇名、餓死者五〇〇〇名という筆舌に尽くしがたい悲惨な状況を呈した。

これは陸上の兵士に対する補給の量に、大きな差が生じたためである。

どのような軍隊であろうと、大規模、あるいは長期の戦闘となれば食糧、弾薬の補充、補給は不可欠である。

ガダルカナルの戦いに関して、両軍ともこの面では互いに力を尽くした。

しかし次の点で、大きな相違があり、これが最終的な勝敗に繋がった。

◦両軍とも補給無くして勝利なし、という概念については一致していた。

◦アメリカ軍は同時に、日本軍の補給の妨害に力を注ぐ。輸送船団への攻撃と並行して、陸揚げされた敵側の物資の破壊も重要視した。

◦日本軍は、アメリカ軍の補給線の破壊にほとんど関心を示さなかった。

加えて、アメリカ軍のデポ（軍需品の集積所）を攻撃することはなかった。

言うまでもなく太平洋における戦闘は島々を舞台に行なわれているから、そこに留まっている自軍への補給、増援などは輸送船が担当する。

当時にあって標準的な貨物船一隻が目的地に無事到着すれば、平均的に一〇〇〇名の兵員と三〇〇〇トン前後の物資が届くのである。

またこの船が途中で沈められれば、前述の人命、貨物が消滅する。

このような事実をもとに、アメリカ軍はガダルカナルに接近する日本船団を徹底的に阻止、攻撃した。典型的な例が、第三次ソロモン海戦と時を同じくして実施された日本軍のガ島向け第二次輸送作戦である。

このときには一一隻の五〇〇〇トン級貨物船が投入され、数隻の駆逐艦の護衛のもと揚陸地点を目指した。しかしヘンダーソン基地からのアメリカ軍のF4F戦闘機、SBD急降下爆撃機は大挙してこれを攻撃し、その結果六隻が撃沈された。この状況を見て一隻が船団から分離し、帰投する。

残る四隻は損害を覚悟で突入し、ガ島の海岸に自ら乗り上げている。これは沈没を免れるための強行措置であった。

そして待機していた兵士たちと協力して、船から物資の陸揚げを急ぐ。

しかしこうなっても戦闘機、爆撃機は手を緩めず、これに対して銃撃、爆撃を繰り返す。なにしろ基地と陸揚げ場の距離は、五〇キロ足らずなのである。

さらに日本軍は揚陸地点に有効な迎撃戦闘機、対空火器を持っていないから、米軍機の攻撃は思いのままに行なわれた。

かなりの輸送船は途中で撃沈され、ようやく届けられた物資も海岸において次々に炎上という状況となる。

第二次輸送作戦の場合、待ちわびる日本軍の手に渡された物資は、わずかに二〜三〇〇トンにすぎなかった。

この結果は、すぐさますべてについて危機的な形になって現われた。兵士たちはまず弾薬の不足に悩まされ、次にはより深刻な飢餓に襲われたのである。船団による輸送が無理となると、日本軍は駆逐艦、潜水艦、小型の運用船を使って補給作業を試みたが、これは例え成功したところで運ばれる量はあまりに少なかった。なにしろガ島には、万を超える兵士が存在するのである。

一一月になると、食糧の不足は極端に深刻化し、島のあちこちの部隊で餓死者が見られるようになる。

あまりに悲惨な状況から、この頃のガダルカナル島は〝餓島（ガ島）〟と呼ばれるまでになった。食料が完全に不足すれば、とうてい戦闘どころではない。日本軍の補給を徹底的に遮断するというアメリカ軍の戦略は、完全な成功を収め、これにより島内の戦局は誰の目にも明らかとなる。

結局、どれだけ努力を重ねても、物資をこの地に送り込むことは不可能で、日本軍首脳は一九四三年の到来とともにガ島からの撤退を決定するのであった。

この戦いで日本軍は三〇隻を超える輸送船を失い、三万名の兵員を動員しながら敗れ去った。

アメリカ側の貨物船の損害の数字は、どの資料にも見当たらない。

ところで日本軍の場合、当然戦場への補給、補充の重要性を知っていたはずだが、なぜアメリカ側のこの方面への攻撃を実施しなかったのか。

戦史に残る大規模な攻撃は、ガ島戦勃発当日の陸上攻撃機による航空攻撃だけで、これ以外には伝えられていない。以後の航空戦、海戦もすべて敵軍の戦力撃滅を目的としており、輸送阻止、物資蓄積基地への攻撃は皆無に近かった。

当時、例えば潜水艦戦力には余裕があったのだから、アメリカ本土、オーストラリア、ハワイからガダルカナルに向かう輸送船団を徹底的に攻撃すべきであった。

これが全く実行されないまま敗れた日本海軍の無策ぶりには首を傾げざるを得ない。

さらに戦後に書かれた戦史にも、このアメリカ軍の補給線攻撃にはほとんど触れていないのであった。さて日本軍の輸送船団を巡る悲劇については、ガダルカナルの場合だけではなく、翌年のニューギニア戦域でも同様である。

翌年三月、ここでも同じ事態が繰り返された。

ガダルカナルの場合と同じくラバウル基地から、ニューギニアのウエワク基地への船団輸送である。

この八一号と呼ばれた作戦では八隻の輸送船が、駆逐艦八隻の護衛を受けて陸軍が

「東京急行」と呼ばれたガ島への駆逐艦輸送隊

激闘を続けている戦場に向かう。

しかし待ちかまえていたアメリカ陸軍機の低空攻撃を受けて、八隻のすべてが沈没した。このさいには三〇〇〇名を超す兵員、重火器四〇門、車両四〇台が失われ、これに対して撃墜したアメリカ機はわずかに五機のみという惨敗となった。

その一方で、ここでも日本軍は全くアメリカ軍の補給路の遮断を試みていない。

これでは負けるべくして、負けたという以外に無いのであった。

アメリカ軍の「敵軍への補給はなんとしても阻止する」といったごく当然の判断が戦略的成功をもたらし、作戦の目的は最終的にすべて達成されたのであった。

最後にこの分野における根本的な問題に

関して、もう少し触れておきたい。

太平洋戦争の開戦に伴って、日本海軍はハワイ真珠湾のアメリカ太平洋艦隊への大規模攻撃を実施し、ある程度の成果を得た。この地における世界最大の基地は、壊滅に近い打撃を受けたのである。

しかしそのあと空母戦力、潜水艦戦力などを投入して、アメリカ本土とハワイを結ぶ輸送路を遮断する作戦を一度たりとも行なっていない。

艦艇、航空機の運用に不可欠な液体燃料一つをとっても、ハワイでは全く産しない事実を戦前から把握していたはずなのに。

これらのすべては、アメリカ本土から輸送船によって運ばれてくるのである。

一九四一年の一二月以来、ハワイは戦争の全期間を通じて最高に重要かつ有効な補給基地の役割を、日本軍によるなんの妨害も受けることなく果し続けたのである。

このひとことを見ても、日本軍の首脳は補給に関する重要性をたいして認識していなかったと思われるのであった。大本営の一人でも、アメリカ本土とハワイ間の補給線こそ、太平洋戦争の勝敗に直結する、とは考えなかったのであろうか。

成功の一つの鍵は、いつの時代の軍隊にも欠かせない補給とその輸送能力にあったのである。

日本海軍の大撤退作戦

——太平洋戦争

一九四二年八月初旬から始まったソロモン諸島のガダルカナル島を巡る戦闘は、この年の終わりにはっきりと決着がつこうとしていた。

艦艇による海上戦闘において日米海軍の戦果と損害は、ほぼ同じ程度ではあったが、陸上、航空戦では後者が圧倒的勝利を収めていた。

とくに悲惨を極めたのは、同島に上陸した日本陸軍で、総数は三万名と非常に多かったものの、補給品の不足により壊滅に近い状況であった。

前稿に記したごとく、ガ島を目指した輸送船がアメリカ軍航空機によって次々と撃沈され、砲弾、銃弾はもちろん、食糧さえなくなりつつある。

一二月のはじめには、ついに餓死者が出るほどまでに追い詰められていた。

さらにこれ以上この戦域で戦いが続けば、輸送船、艦艇、航空機の損耗は莫大な数に上り、日本の戦力全体が脅かされる。

アメリカは自身が望んだ以上の〝消耗戦〟に、日本を追い込むことに成功したのであった。そしてついに日本の陸海軍の首脳は、天皇の裁可を得て、ガダルカナルからの撤退を決定する。

しかしこれを実行するとなると、問題は山積していた。

ともかくすぐ近くに敵の飛行場があり、強力な艦隊も存在する。

また撤退する兵員の数も多く、少なくとも一万名を超えているのである。さらにその中には負傷者も多数あって、これをどのように乗船させるか、といった課題もあった。

ともかく撤退のための乗船位置から、敵軍の航空基地まで数十キロしか離れていない。この行動をアメリカ軍が察知したら、戦闘機、爆撃機による攻撃は目に見えているのであった。しかしだからと言って、全滅寸前の陸軍部隊を見捨てるわけにはいかなかった。

このような悪条件が揃っていたが、それでもついに大撤退のためのケ号作戦が開始される。

収容能力は大きいが速度の遅い貨物船の使用は論外で、かわりに高速の駆逐艦多数が集められた。

また撤退作戦の開始に当たって、幾つかの陽動作戦が実行された。

まずこれまでもたびたび行なわれたヘンダーソン飛行場と、周辺の艦艇への航空攻撃の再開、近くの島へ小兵力を上陸させての牽制、陸海軍の航空部隊による駆逐艦隊への上空掩護などである。

日頃、少々険悪な仲の日本の陸海軍であったが撤退するのは陸軍の兵士であるから、ここでは互いの協力が問題なく行なわれる。

さらにガ島の部隊には、乗船方法などが伝えられ、作戦が動き出した。

そして二月一日、駆逐艦二〇隻による第一次撤退が行なわれた。

まず五〇機からなる航空部隊が、周辺海域のアメリカ艦隊を攻撃、駆逐艦一隻を撃沈した。この間に日本艦隊は上陸地点から兵士を乗船させ、全速力で基地に戻った。

しかし一隻が沈没、さらにもう一隻が損傷、それでも五四〇〇名を脱出させることに成功する。

第二次の作戦は二月四日で、再び二〇隻が参加。一隻が損傷したが、僚艦が曳航し帰投。救出人員は五〇〇〇名に上った。

ガ島沖で撤退作戦中の大発と特型駆逐艦

そして二月七日、第三次として一八隻が出動、一隻が損傷したが帰投。あわせて二五〇〇名を救出。これにて作戦終了。

出動した駆逐艦はのべ五八隻に上ったが、前述のごとく沈没一隻、損傷二隻と損害はわずかであった。

ガ島から脱出させた兵員の総数は、資料によって異なるが一万三〇〇〇名前後であった。つまり駆逐艦隊は予想をはるかに超える人員を、全滅が近かった激戦地から連れ出したことになる。

これは見事な成功と評価すべきで、少し後に行なわれる北方のキスカ島撤退作戦と肩を並べる壮挙と言えよう。

陸海軍の上層部は、この作戦で参加艦艇

の二五パーセント程度が失われ、救出可能な人数は五〇〇〇名程度と見込んでいたが、それを覆す成功であった。

ところで圧倒的な戦力をすぐ近くに展開するアメリカ軍が、なぜこの日本側の動きを察知できず、阻止に失敗したのであろうか。

それは一にも二にも、アメリカ軍が日本側の意図を読み間違えたことによる。これまでの動きから見て、日本軍はまだまだガ島の奪還を諦めず、兵力増強であろうと考えていた。このため基地の防衛体制の強化に力を入れ、攻撃の手が緩んだのであろう。

さらに前述の如く日本側の陸海軍の協力体制が、珍しく良好に進んだことも挙げられる。駆逐艦隊の上空掩護は、零戦に加えてかなりの数の陸軍一式戦闘機隼によって進められた。

このときには大基地ラバウルとガ島の中間点に、日本軍によってブイン、バラレ、ムンダ飛行場が造られ、航空攻撃、護衛行動が楽に行なえるような状況になっていた。ラバウル、ガ島の距離は一〇〇〇キロであるが、これらの新しい基地からだとその半分になる。

さらに参加した駆逐艦は、半年にわたってこの周辺海域で戦っており、いずれもベテランであった。そのため行動中に何度か行なわれたアメリカ軍魚雷艇の攻撃に対しても、迅速に反撃し数隻を撃沈している。

戦後の戦史を繙くとき、どうもこのケ号作戦に対する日本の研究者の評価が低すぎるような気がしている。これはやはり進攻ではなく、撤退という面から仕方がない気がする。その一方で圧倒的な敵の航空戦力の下、持てる高速艦艇を動員し、陸海軍の戦闘機を投入、一万名以上の兵士を救出した作戦の成功と、参加した部隊の手際はいかに評価してもし過ぎることはないのであった。

兵器篇

戦闘用航空機の概念を変えたステルス戦闘機

——湾岸戦争

一九九一年の湾岸戦争は、ある面で全く新しい兵器の実験場という状況を呈した。ガスタービンエンジン付きの戦車、巡航ミサイル、空中早期警戒管制機ＡＷＡＣＳなど、列挙に暇がないほどであった。

しかし世界の人々の関心をもっとも集めたのは、見えない航空機ロッキードＦ－117ナイトホークという〝ステルス〟である。

この紛争を境に、ステルスという言葉は広く知られるとともに、いろいろな分野で使われることになる。

ＳＴＥＡＬＴＨとは、動詞としてこっそり○○を行なう、姿を見せない、名詞としては低被探知性を意味する。

Ｆ－１１７は、史上初めてステルス性能を優先して開発された兵器で、このあと世界の軍用機に極めて大きな影響を与えることになる。

本機を設計したのはアメリカロッキード社のスカンクワークスという不思議な名前のグループで、一九七〇年代の中頃から研究に着手し、一九八〇年に完成、八一年六月一八日に初飛行している。

写真の如く全体が黒く塗装され、外観は平べったい深海魚のように見える。

空中戦など俊敏な動きは性能的に出来ない航空機なのに、Ｆ（戦闘機）という識別記号が与えられている。任務はもっぱら重要な目標に対する精密爆撃である。

エンジンには再燃焼装置アフターバーナーが付いていないから、飛行性能は決して高いとは言えない。亜音速でさらに爆弾の搭載量は二、三トンと、最近の戦闘爆撃機と比較すればかなり少なくなっている。

ナイトホークはその名のとおり、夜間に相手のレーダーの目をくぐり抜け敵地深く侵入、重要な目標に爆弾を投下するのである。

繰り返すが、ステルス性こそ本機のすべてであった。

一九九一年湾岸戦争が始まると、五五機のＦ－１１７が湾岸に配備され、合わせて一二〇〇回におよぶ爆撃を実施した。

元祖ステルス航空機ロッキードＦ－117ナイトホーク

スカンクワークスの設計は完全に成功し、この間、対空ミサイル、対空火器によって撃墜されたものは皆無である。

イラク軍は、一度としてナイトホークを捕捉できずに終わっている。

史上最初のステルス機は、充分にその存在価値を見せつけたのであった。

実際にはこのナイトホークは、それ以前のパナマを巡る局地紛争にも参加しているが、アメリカはこのステルス機とその技術を重要機密としていっさい公開しないままであった。

このため湾岸戦争における活躍が、一挙に脚光を浴びたのである。

さてそれではどうすればステルス性能（低被探知性能）を発揮できるのであろう

か。これに関しては多くの情報が乱れ飛んでいるが
◦機体の外板に傾斜をつけ、レーダー波を逸らす。これによりレーダーの反射断面積RCSを極力減らすことを狙う
◦なるべくレーダー波を吸収する特殊塗料を塗布する
◦可能なら金属ではなく、機体の一部にレーダーに映りにくい木材、プラスチック材料を用いる

といった手法を取り入れる。

このうちもっとも重要なのは、RCSである。

あらゆる航空機の断面積に関しては、写真からセクションペーパー、プラニメーターなどで測定できるが、RCSとなるとよくわからない

しかし最近ではこの値がネット上で公開されている。さらに戦闘機などの搭載レーダー、地上のレーダーサイトによる目標の探知距離さえ知ることが出来る。

参考までに昆虫からジャンボ旅客機などいくつかのRCS、ならびに各種レーダーによる平均的な探知距離の数値を掲げておく。

ただし資料により数値にはかなり差があり、さらに気象条件などにより少なからず違いが出てしまうから、一つの目安としてみるべきである。

それにしてもステルス性を考えた設計か、そうでないかによる値の違いには驚かされる。

F－117やB2スピリット全翼爆撃機などのRCSの小さなことは、まさに技術の頂点を示しているということだろう。

これをレーダーで探知し、迎撃するのはかなり困難なことがわかろう。

しかし必ずしも不可能とは言えず、バルカン半島におけるセルビア紛争のさい、ナイトホークが対空ミサイルによって撃墜されている。

これがこれまでの紛争で、ステルス機が失われた唯一の例である。

このさいの状況に関しては、ナイトホークが連日にわたって同じコースを飛行したため、セルビア軍がその存在をはっきりと確認できないままやみくもに複数の対空ミ

レーダー断面積とレーダーの探知距離の目安

	RCS(㎡)	探知距離(km)
昆虫	0.001～0.002	15
中型の鳥	0.01～0.02	50
小型の軽飛行機	1～2	100
小型の戦闘機	2～3	180
大型の戦闘機	6	280
中型の旅客機	20～30	300
大型の旅客機	40～50	350
トマホークミサイル	0.15	110
F-117 戦闘機	0.003	50
B-2 爆撃機	0.1	90
F-35 戦闘機	0.005	70

コンクリートの建物のようなズムウォルト級ステルス駆逐艦

サイルを発射したことに拠っている。

また一説によると外部に爆弾を装着しており、これがステルス性を低下させたとも伝えられている。

いずれにしても戦闘機、攻撃機、爆撃機が、強力な迎撃システムを有する敵陣への侵入を企てるとき、ステルス性能は必須と言えるだろう。

もはやこれ無くして軍用機の生存性は、極めて低くなってしまうと考えられる。

一方、この種の軍用機は、製造費が高額になり、外部への爆弾、ミサイルの装着が出来ないなどマイナス面もあり、このあたりは既存の機種との妥協が必要であろう。

それにしてもロッキードＦ－１１７の誕生とその活躍は、まさに画期的であり、もっとも成功した航空機と評価されるべきである。

なにしろステルス化の大波は、軍用機ばかりではなく最近では軍艦にも及んでいる。航空母艦、潜水艦を除くと、世界の新鋭艦は大小を問わず、すべてレーダーから逃れるための設計となっている。その比率は航空機以上と言えるかもしれない。

典型と呼べる艦艇は、写真に示すアメリカ海軍のズムウォルト級駆逐艦である。駆逐艦に分類されているが、排水量は一万五〇〇〇トンをはるかに超えており、外観はどう見ても船ではなくビルディングである。これなどほとんどレーダーに映らず、そのため船舶の輻輳する海域では衝突の危険があるとのこと。

さすがにステルス化は、戦車などの陸上戦闘兵器には取り入れられていないが、他の多くの兵器に関してはこの傾向は強まると思われる。

祖国を救った戦車
――第二次世界大戦

一九四一年の六月、戦車二五〇〇台、航空機一九〇〇機、一〇〇万名の兵士からなるドイツ軍が同国の東部国境を突破してソ連（現ロシア）に侵攻を開始する。

ソ連首脳としてはこの事態を全く予想していなかったわけではなかろうが、実質的に奇襲に近い状況となった。

数年前までヨセフ・スターリン首相による軍部への大粛清が実施され、ソ連軍の多くの将軍、士官たちがその職を追われ、刑死、流刑となっていた。

さらに隣国フィンランドとの戦争もあって、この国の軍事力は低下の一途を辿っていたと言っても、決して間違いではない。

たしかに総兵力では侵攻してきたドイツ軍を上回っていたが、軍隊としての練度、兵器、兵員の能力としてはかなり危うい状況に陥っていた。

このためドイツ軍は各地でソ連軍／赤軍を撃破し、奥深くまで突進してきた。翌年にかけて、首都モスクワ、北のレニングラード（現サンクトペテルブルグ）、南のスターリングラード（現ボルゴグラード）といったソ連の三大都市のいずれもが、ドイツ軍の脅威にさらされることになる。

まさに大国ソ連の崩壊が目前に迫りつつあった。

ともかく戦車を先頭に進んでくるドイツ軍に対して、赤軍はそれに対抗する手段を持たず、押され続ける。

まさにこれらの都市も、陥落は時間の問題と見られていた。

しかし独ソ戦勃発から一年ほどたつ頃から、赤軍は少しずつ反撃に成功、地域によっては敵軍の阻止だけではなく、攻勢に出始める。

その主役となったのは、次第に数を増やしつつあった新型戦車T34／76であった。

ドイツ軍の先鋒たるⅢ号戦車、Ⅳ号戦車と比べると、次の点で明らかにこれらを凌駕していた。

。エンジンが被弾に強く、航続距離が大きなディーゼルとなっていること
。砲塔が鋳造でかつ敵弾を逸らせる構造であること

初期の成功作T34／76戦車

◦広い幅のキャタピラを持ち、悪路の踏破性に優れていること

攻撃力もドイツ戦車と対等以上に戦える七六ミリ戦車砲を装備していた。この戦車に関しては、前線の配備と並行して性能の向上が進められ、半年もしないうちに改良型が登場する。とくに主砲は、砲身長が二五パーセントほど長くなり、それに伴って威力は三〇パーセントも増加したのである。

またこのT34に関しては、包囲下にあるスターリングラードなど全土の四ヵ所で製造され、後述するがその数は驚異的な数値となる。

前線に数を増したソ連戦車は、それまで圧倒的な強さを誇っていたⅢ号、Ⅳ号を次々と撃破し、凄まじい勢いで反撃する。

長い85ミリ砲を装備するT34／85戦車

独ソ戦の勃発から一年半ほどたつと、戦局は拮抗から赤軍有利となっていった。

これに対してドイツ軍はⅣ号の威力向上型を投入するが、これに対してもソ連の工業会ははるかに強力な新戦車を登場させる。

これがT34／85で、車体は三〇パーセントほど大きくなるとともにⅣ号の七五ミリ砲を圧倒する八五ミリ砲を装備していた。

それどころかドイツが次に送り込んできたⅤ号パンテル（パンサー、豹）、Ⅵ号ティーゲル（タイガー、虎）にも十分対抗できる性能を持つ。

ドイツ工業界は能力向上に努力していたが、相変わらずガソリンエンジン、角型の砲塔、貧弱な踏破性という点では、ソ連の戦車に劣っていた。

そのため一九四四年に入ると戦局は完全に逆転、今度はソ連軍が西方に向けて押しまくることになる。先に触れた三つの都市はいずれも陥落を免れ、のちに解放されるのである。

祖国が崩壊する可能性は、T34の活躍により無くなったことから、ソ連首脳はこの戦車に〝ロジーナ（祖国）〟という名称を与えた。

まさに一つの兵器が、国の危機を救ったのである。これ程の成功を見せた事例は、戦史の上からも珍しいと思われる。

さらにその裏には、先にも少し触れたが、ソ連工業界の底力に言及しないわけにはいかない。それは製造数である。

Ⅲ号：六九〇〇台、Ⅳ号：八八〇〇台　計一万五七〇〇台

T34／76：一万九四〇〇台、T34／85：二万九五〇〇台　計四万八九〇〇台

いずれも、それぞれの戦車の派生型（ファミリー車両）は除いている。またこの数は資料によってかなり異なる。

それにしてもソ連はドイツの三倍の戦車を製造、配備していた。さらにドイツは、一九四四年の春からはいわゆる西部戦線でアメリカ、イギリス軍と戦い、この方面にも多数の戦車を送っていた。

両軍の戦車砲の威力

	口径(mm)	砲身長	簡易威力数
ドイツ陸軍			
Ⅲ号初期型	37	47	1739
Ⅲ号後期型	50	60	3000
Ⅳ号初期型	75	24	1800
Ⅳ号後期型	75	48	3600
Ⅴ号パンテル	75	70	5250
Ⅵ号ティーゲル	88	56	4928
Ⅳ号２型	88	70	6160
ソ連陸軍			
T26	45	46	2070
T34／76	76	42	3192
T34／85	85	55	4675

したがって大要として東部戦線の戦車の配備の割合は、ドイツ軍の一に対してソ連軍は少なくとも五倍を有していたと考えられる。

もともと性能的に優れていた車両を五倍も保有していれば、戦闘の勝敗は誰の目にも明らかであった。

それにしても戦争の早い段階でT34を戦場に送り込んだ状況が、戦線を維持し、のちに反撃に転ずることが出来た要因であることに疑いの余地はない。

さて最後になぜソ連がこれほど優秀な戦闘車両を開発し、圧倒的な数を配備できたのか考えてみたい。

もちろんその理由はいくつも考え

られるが、一つだけ挙げるとすると、この国の超大規模国営農場コルホーズの存在が浮上する。

この農業組織のためロシアは、一九三〇年代のはじめにはアメリカに匹敵する数の大型トラクターを製造していた。

正確な数は不明だが、その数は一年あたり一万台を超えていたと思われる。

トラクターはディーゼルエンジンを持ち、戦車と同じようにキャタピラで走行する。この農業用機器の技術、生産工程が、祖国の危機に当たって、見事に転用されたのであろう。さもないとあれだけの数の戦車を生み出すほどの大規模工場が、一朝一夕に造られたとはとうてい思えない。

当時の日本陸軍は、独ソ戦勃発の報道と共に、これに呼応してこの赤い国への侵攻を企てたと伝えられている。

しかしこの頃、我が国はどれだけの数の農業用トラクターを製造していたのであろうか。明確な資料はないが、せいぜい小型の車両を一〇〇台といったところであろうか。

このような状況に思いを馳せると、当時の大国の力は、想像を超えるところにあった事実が納得できるのであった。

最良の輸送手段　自転車
――ベトナム戦争

ベトナムの首都ハノイの中心部に、かなり大きな規模の軍事博物館がある。白い壮大な建物で、前庭には戦闘機、戦闘車両が多数ならび、これだけでもこの種の博物館を持たない我が国とはこの分野では比べ物にならない。見学のために内部に入ると、ここにも火砲、銃器といった兵器類が目白押しである。その展示場の中央に、奇妙なものが置かれているが、それは山ほど荷物がくくりつけられた自転車である。一九六〇年から一五年続いたベトナム戦争の歴史を知らない見学者にはなんとも奇妙に映る。

しかしこの頑丈な自転車こそが、ベトナム戦争を勝利に導いたもっとも有効な道具、そして兵器なのであった。

それでは大規模な戦争において、この原始的な道具がなぜ重要であり、戦局に大きな影響を与えたのか、説明していこう。

南ベトナム政府軍、そしてそれを支援しているアメリカ軍に対して、社会主義陣の軍隊は、主として南ベトナム（当時）の支配を狙う民族解放戦線（ＮＬＦ）、そして南領内の北部を攻撃する北ベトナム正規軍となっていた。

このＮＬＦについてもっとも大きな問題は、彼らのための武器、弾薬、医薬品などの補給であった。最大兵力は支援者を含めると四〇万名に達していたから、その量は少なく見積もっても毎月一万トンは必要である。

もちろん直接の供給先は、戦線軍の背後に存在する北ベトナムである。当時にあって北には中国、ソ連、北朝鮮から膨大な支援が到着していたので、物資自体には困ることはなかった。

しかし問題は南領内の南部で戦うＮＬＦへの補給方法である。まず夜間に多数の小型船を使って南への沿岸輸送を企てたが、これは南、アメリカ海軍に発見され、すべて失敗した。北は一九六七年当時、一週間当たり二隻の船を失っている。

さらに当然鉄道、道路の使用などは論外で、これを使って補給など完全に不可能であった。アメリカ軍は厳しく、監視を続けていたからである。

残るはラオス、カンボジアとの国境地帯に広がる、広大、かつ濃密な密林を突破しての輸送であった。このジャングルを通る解放戦線への補給路は、当時の北の大統領の名前から〝ホーチミン・ルート〟と呼ばれた。これは日本の呼び名で、正確には〝ホーチミン・トレイル（小径）〟である。

現地に行ってみればすぐに理解できるが、この地域特有の密林は我が国では決して見られない種類の木々の密集地である。

強いて言えば富士の樹海の樹木を巨大な広葉林に代え、無数の太い蔦がそれらに巻き付いていると表現すれば、現地の状況に近い。

しかも酷暑、高い湿度、無数の毒虫などがこの地域を支配している。

地面は雨の多いことからいつもぬかるみであり、そのうえに草が生えている。

それでも死闘を繰り広げている解放戦線への補給は、この地帯を通過するしかなかった。

北の輸送担当者たちは必死に密林を切り拓き、細いながらもトラックが通れる道幅を持つ道路を作った。

この道を列をなしたトラックコンボイが、支援する人々の助けを借りながら南を目指した。これはたしかに有効だったが、アメリカ軍の偵察機がこれを見逃すはずはな

北ベトナム軍の使っていたソ連製トラック

かった。

攻撃ヘリは当然として、固定翼機、そしてB－52大型爆撃機まで動員して、輸送の遮断を試みる。

この目的に対して特に効果があったのは、ロッキードC－130輸送機改造の地上攻撃機ガンシップで、低空を旋回しながら猛烈な射撃を加えた。

一九六八年一月のある日には、一日に三〇台のトラックが炎上、すべての物資が消えていった。このような例はいくつか見られる。

もちろん解放戦線側はいく筋も道路を造り、輸送も夜間に限って消耗を避けようとしたが、それも充分とは言えなかった。

そこで登場したのが、自転車である。こ

共産側の最も一般的な輸送手段であった自転車。徹底的に補強され、一度に100キロの荷物を運んだ

の目的専用に製造された頑丈な自転車のハンドルに木の棒を括り付け、写真の如く物資を積めた袋をぶら下げる。

少なくとも一台あたり五〇キロから一〇〇キロを積むことができた。

もちろん人は乗ることが出来ず、ハンドルの木の棒を操り、ゆっくり徒歩で押していく。

通るのは細い小道で、これこそホーチミン・トレイルであった。自転車ならば上空から見つかることも皆無に近い。

カンボジア国境に近い鬱蒼たるジャングルの中を、荷物を満載した自転車が数千台連なって進んでいった。敵の航空機を避けるため、昼間は大木の陰に身を隠し、暗くなると行動開始である。

この任務に従事したのは、ほとんど若い女性であった。また集積所に荷物を届けると、条件さえよければ帰り道は自転車に乗って戻ることもできた。

時間と共に少しずつジャングル内の小道は整備され、休憩所、食堂、医療所も造られた。

もちろん空からの偵察を避けるため、木の枝と葉で造られた粗末なものであったが、それでも状態は徐々に改善されていった。

一方、南軍、アメリカ軍はこのトレイルを軽視していたわけではなく、空爆があまり効果を表わしていないと判断されると、地上から特殊部隊を送って輸送路の遮断を試みている。

これは数人、または十数人からなる兵士をヘリコプターで密林内の空き地に降下させるもので、この小部隊は自転車コンボイや拠点を見つけ次第攻撃する。

これはそれなりに有効ではあったが、もともとジャングル内の戦いであり、戦果と呼べるものは少なかった。

なにしろ輸送路は自転車が通行できるだけの小道であり、破壊するものが存在しなかったのである。

しかも解放戦線側は、特殊部隊の投入を見越して、ジャングルのなかに小道を網の目のごとく張り巡らしていた。

たしかに輸送にあたる女性たちの死傷者は皆無ではなかったものの、戦争の全期間を通じてホーチミン・トレイルは存在し続けたのである。

これに従事した人数、運ばれた物資の正確な量に関しては、南、アメリカ軍はもちろん、当事者である北ベトナムについてもわかっていない。

それでも若い女性と自転車によって、密林の中を運ばれた軍需物資はこの戦争の勝利への重要な鍵であった。

だからこそ首都に設けられた軍事博物館の中央に、頑丈で汚れきった自転車が展示され、この任務を全うした人々の功績を称えているのであった。

戦闘機の落下タンク
――日中戦争

戦闘機の胴体、あるいは主翼の下に落下式の増加燃料タンクを装備し、航続距離の延伸、あるいは滞空時間の延長を図るアイディアはいつ生まれたのであろうか。少なくとも第一次大戦ではごく特殊な場合を除いて、ほとんど見ることはない。このタンクは、増槽、落下タンク、増加燃料タンクなどと呼ばれ、現在の戦闘機には当たり前に見られる。

実戦に登場したのは、第二次大戦直前の日中戦争における三菱九六式艦上戦闘機が最初であろうか。

設計者の堀越二郎技師が考案者という資料もあるが、このあたりどうも明確ではない。太平洋戦争が勃発する頃になると、海軍の零式戦闘機にこれは標準装備であった。

増槽を装備した零戦二一型

零戦二一型の場合、機内（主翼と胴体合わせて）タンクの容量は五二五リットルである。一方落下タンクのそれは三三〇リットルだから、合わせると八五五リットル、つまり六三パーセントの増加となり、航続距離も滞空時間も大幅に伸びている。

航続距離では最大三一二〇キロ、滞空時間では最大一三時間近い数値となる。

それまでの単座戦闘機では、信じ難いほどの航続、滞空性能と言えよう。

緒戦における台湾からバシー海峡を越えてのフィリピンの飛行場攻撃作戦では、片道九五〇キロ、実質的に往復では二〇〇〇キロを超えている。

アメリカはじめ、他の列強の戦闘機は、この頃落下タンクを装備していないから、この数値はまさに驚異であった。

日本海軍はたしかに世界最先端の技術を、実用化していたのであった。いろいろ短所もあった零戦だが、航続性能ではまさに間違いなく世界最高と評価できる。落下タンクこそ日本の航空技術の最大の成功例である。

同じく航空先進国でありながら、このシステムに気付かなかったのが、二年近く前から死闘を繰り返していたイギリス空軍（ＲＡＦ）とドイツ空軍（ルフトバッフェ）である。

欧州の戦争は一九三九年九月から始まり、英独の空軍は翌年初夏から秋にかけてイギリス本土、英仏海峡上空で死闘を演じていた。

これはいうまでもなく、この空域の制空権を賭けて戦われたもので、ドイツ空軍は大挙してイギリスを襲い、英空軍は必死でそれらを迎撃する形であった。

ルフトバッフェの戦闘機は、占領下にあるフランス本土の飛行場を離陸し、英仏海峡を横断してロンドンを目指す。

このとき戦ったのは三種の単座戦闘機で

イギリスのスーパーマリン・スピットファイア２型

ホーカー・ハリケーン１、２型

メッサーシュミットＢｆ１０９Ｅ型であった。

そしてそれぞれの航続距離は七四〇キロ、七六〇キロ、六七〇キロと極端に短く、落下タンクなしの零戦の半分以下であった。

たしかにフランスの基地とロンドンの間の距離は、二〇〇キロとたいして離れていない。

それでもこの三機種とも、この時期の大空中戦バトル・オブ・ブリテンのさいには、落下タンクを持っていなかったことが問題であった。

この事実から、とくに苦戦したのはメッサーである。往復の飛行、編隊を組むのに必要な燃料を考えると、ロンドン上空でイギリス戦闘機と戦える時間はわずか十数分。なにしろエンジン全開の空中戦となれば、巡航時の三倍の燃料を消費する。

ＲＡＦの戦闘機は本土上空で戦っているので、燃料が不足すれば着陸して給油すればよい。

ところがドイツ側はそうはいかず、敵機を撃墜することより燃料が気になるので早々に空戦を打ち切って帰投する必要があった。

イギリス機は当然これに気が付いていたから、ドイツ機にまとわりついて戦闘を長引かせれば勝利に繋がる。

強力なダイムラー発動機を装備したメッサーの性能は充分に高かったが、航続力の不足は明らかな弱点であった。

戦場が広大な太平洋の日本海軍機と、狭いヨーロッパの戦いでは、戦闘機の設計思想に大きな相違があるのは良くわかる。

それにしても一〇〇〇キロに満たない航続力では、明らかに短すぎるのであった。

先のバトル・オブ・ブリテンにおいてドイツ空軍は結局敗退するのだが、この最大の要因は落下タンクの有無にあったと言えよう。

それにしても優秀な戦闘機を開発する技術力を持つ英独が、それほど高度とは言えないこのシステムに気づかず、実用化できなかった事実には驚きさえ覚える。

さすがに一九四〇年の秋の終わりから、どちらもこの増槽、落下タンクの重要性に着目し、前記の戦闘機にも装備する。このため、後期型ではハリケーンは一六二〇キロ、スピットは一八三〇キロ、Ｂｆ１０９は一四二〇キロまで延伸するのであった。

ここから得られる教訓は、優れた技術者であっても、案外簡単で、しかもそれによる大幅な性能向上という方法、システムがあっても、気が付かなければ開発も実用化も出来ないままという事実なのであった。

410リットルタンク2基をつけたP－51マスタング

以後どこの国の空軍も争うようにして、戦闘機への落下タンクを準備する。

もっとも熱心なのはアメリカであり、特に陸軍航空隊（空軍となるのは一〇年後である）は、新鋭戦闘機P－38ライトニング、P－47サンダーボルト、P－51マスタングなどに容量の大きなタンクを用意した。

このうちライトニングは四四〇リットルタンク二基を取り付け、実に四〇〇〇キロを超す長大な距離を飛行可能にしている。

またマスタングも同じタンクを持ち、一一〇〇キロ離れた占領後の硫黄島から東京空襲を実施するのであった。

ただしこのような距離、滞空時間の延伸も良いことばかりではなかった。

まず離陸重量の大幅な増加により、明らかに事故が増えている。P－51についてこの傾向は顕著であった。さらに単座戦闘機であるから長距離、長時間の飛行は操縦者に過度の負担を強いることになった。

たとえば零戦の場合、一九四二年の夏、ラバウル基地から一〇〇〇キロ（東京と屋久島ほど）を四時間かけて飛び、ガダルカナル上空でアメリカの海軍機と空中戦を行ない、その後再び同じ距離、同じ時間をかけて基地へ戻る。

またマスタングの東京空襲のさいには、ほぼ同じ条件であった。

いずれのフライトでも途中には着陸可能な飛行場がないので、パイロットの疲労は限界であり、事故率は跳ね上がったのである。

このように考えると、落下タンクは必ずしもすべてにおいて良いことばかりとは言えないのである。

空軍の上層部は、航空機の性能向上には熱心だが、操縦者の負担にはそれほど関心をもってないことは、昔も今もそれほど変わってはいないのではあるまいか。これが落下タンク、増槽に関して忘れてはならない事実なのである。

三種の小型戦闘艇
――日中戦争・第二次世界大戦・ベトナム戦争

どこの国の海軍も、当然ながらなんらかの艦艇を保有している。そのうちのほとんどは小型であっても排水量五〇〇〇トンを超えている。

かつては一〇〇トン前後の魚雷艇も存在したのだが、ミサイル主体の時代となって次第にその姿を消していった。

一方、戦史を振り返ると、これよりかなり小さくても大活躍した戦闘用の小艇があるので、ここでは日本、ソ連／ロシア、アメリカの実例を紹介する。

それらのいずれも設計者、用兵者の予想を超えて働いた。

1　日本陸海軍の小型戦闘艇

◦陸軍の装甲艇

昭和一二（一九三七）年から、中国大陸において日本軍対中国軍の戦争が激しくなった。これが日中戦争で、一九四五年八月の日本の降伏まで続く。

相手の中国軍は、右派蔣介石軍、左派共産党軍（当時は八路軍と呼ばれていた）からなっていた。

戦場は大陸の東寄りの地域である。当時、中国には南船北馬という言葉があった。この地方の南側は河川、湖沼が多く、交通手段として船が使われている。

また北側は草原からなり、馬、馬車が一般的であった。

この言葉の通り、南の戦場には河川としては大河長江（揚子江）、湖としては洞庭湖が存在する。前者は流域面積として世界第三位、後者は我が国の琵琶湖の四倍という巨大な湖であった。

当然、周囲には支流、湿地帯が広がり、軍隊としては舟艇が欠かせない。

ただ当然であるが、あまり大きな、そして喫水の深い艦船は走行不能であった。しかし戦いとなれば偵察、連絡、輸送、戦闘に投入する小型船がどうしても必要なことは言うまでもない。

ここで陸軍は装甲艇（別名ＡＢ艇）という、排水量一八トンの戦闘用舟艇を開発し、実戦に投入した。船体、上部構造物は木製であるが、一応装甲板で覆われ小銃、機関銃弾に耐えることができる。

　エンジンは日本製のディーゼルで、出力は三五〇馬力であった。

　初期型は機関銃、迫撃砲を搭載していたが、すぐに火力不足が明らかになり、大きく改良される。

　なんと一基、あるいは二基の五七ミリ戦車砲を搭載したのである。さらに後期型では八九式中戦車の砲塔をそのまま載せたタイプも作られた。

　この装甲艇は中国の戦線に登場すると、先の任務に大活躍をする。中国軍に強力な火砲、とくに対戦車砲が不足していたこともあって、まさに無敵に近い存在であった。

　戦車砲を装備した装甲の厚い砲塔をそのまま搭載するというアイディアは、陸軍の用兵者の想像以上に有効であった。このため装甲艇は、記録に残されているものだけをみても九〇隻、実際には一五〇隻以上が建造されたと推測される。

　ただこの艇の弱点としては、重量が大きくなり三五〇馬力のエンジンが非力であった。このため最高速力が一二ノット（約二〇キロ／時）に過ぎず、この点を指摘されている。

◦海軍の二五トン砲艇

陸軍の装甲艇の活躍を知り、一九四〇年から海軍も同様の小型戦闘艇を開発する。これはその排水量、搭載砲から〝二五トン砲艇〟と正式に命名された。寸法的にも陸軍の舟艇に近く、全長一七メートル、三五〇馬力エンジン付き、速力もほぼ等しい。軽度の装甲が施され、乗員は一一名であった。もっとも異なるところは武装で、二五トン型は九三式重機関銃二～四梃、迫撃砲二門である。

戦術としては本艇四隻で砲艇隊が編成され、海軍陸戦隊、陸軍部隊の戦闘を支援することが主任務である。あまり報道されていないが、この戦いでは度々陸軍と海軍の共同行動が見られている。たしかに海軍の所属でありながら、本艇は中国の内水域でかなりの評価を得たと考えられる。

しかし二五トン砲艇の活躍の場は、のちには中国大陸ばかりではなく、太平洋戦争当時のソロモン諸島を巡る海域であった。島々に兵力、食糧、弾薬を送るような場合、使われるのは陸海軍ともに大発（大型発動機艇）であった。

この舟艇に関しては、前著『戦場における成功作戦の研究』で詳しく触れている。この大発が数隻、あるいは十数隻という船団を編成して輸送を実施する。

このとき必ず懸念されるのが、アメリカ海軍の魚雷艇（トーピードボート）の襲撃

人民博物館にある25トン砲艇

で、大発が大損害を受けることも珍しくなかった。

このエスコートのため二五トン型は多用され、美しい南の多島海で戦い続けたのである。ただここでも速力不足、機関銃のみといった性能と武装の貧弱さが目立ってしまった。

装甲艇と同じように、例えば一式戦車チへの四七ミリ対戦車砲を装備していれば、アメリカ軍の魚雷艇にも十分対抗できたと思われる。

ところが二五トン砲艇の活躍はまだ続く。大戦後勃発した中国の二つの戦力間の紛争、〝国共内戦〟では、共産軍がこの十数隻の船を有効に活用した。

台湾海峡の戦いでは複数の迫撃砲を搭載

し、海軍の主力となったのである。

この事実から、現在でも一隻が北京にある中国軍事博物館の中央に展示されている。しかし博物館を訪れる多くの見学者も、この全長一七メートルの古い舟艇が、日本製で日中戦争、国共内戦を戦い抜いた、と知らないまま足早に通り過ぎていくのであった。

ソ連の小型戦闘艇

一九四一年の初夏の到来とともに、一〇〇万名を超すドイツ軍がソ連邦に雪崩れ込み、ここに独ソ戦が幕を開ける。

それから半年、ドイツ軍は破竹の進撃を続け、ソ連赤軍は東へと退却していく。

ここに新しい戦域が広がるが、そのかなりの部分が海（バルト海、黒海）、湖（ラドガ湖など）、大河（ドニエプル、ボルガ、ドナウ河）であった。

バルト海東部を除くと、ここはほとんど内陸であるため太平洋とは違った形の水上戦闘が勃発する。

まずドイツ側であるが、潜水艦Uボートを別にすれば、機動哨戒艇Rボート、掃海艇Mボートといった編成である。

水深から言って一〇〇〇トンクラスの小型駆逐艦さえも、この水域に入ってくることはできない。

これらの小型艦艇の役割は、敵の軍艦を攻撃、撃滅することではなく、もっぱら陸上戦力の支援であった。

戦場は確かに湖沼、河川ではあるが、そのスケールは言うまでもなく、我が国のそれらを大きく上回る面積、流域をもっている。

このような状況にあってソ連軍は、日本陸軍を除いてはそれまでどこの国の軍隊も保有したことのない小型戦闘艇を多数建造し、戦場に投入した。

この正確な呼称は、装甲機動砲艦ＡＭＧである。大きなものでも排水量一五〇トンに達していないが、ソ連では小艇をボート、あるいはクラフトとは呼ばず、艦／シップとしている。

それらは次の三種類からなっていた。

。小型　タイプ１１２５ＢＫＡ　全長二二・六メートル　重量三〇トン　乗員一〇名　出力七二〇馬力　速力二〇ノット　武装七六ミリ砲×一門

。中型　タイプ１１２４ＢＫＡ　全長二五メートル　重量四二トン　乗員一七名　出力一〇〇〇馬力×二基　速力二八ノット　武装七六ミリ砲×二門

・大型　タイプMBK　全長三六メートル　重量一五〇トン　乗員四〇名　出力一〇〇〇馬力×二基　速力一八ノット　武装八五ミリ×二門、三七ミリ×六門

これらの火砲は、日本陸軍の装甲艇と同様に、T34／76、T34／85という戦車の砲塔をそのまま船上に搭載していたのである。

また船体にも主砲の口径と同じ厚さの装甲板を貼り付けていた。まさに水上の戦車とも呼ぶべき強力な小型戦闘艦であった。

ソ連のT34シリーズは五万台という大量生産が行なわれていただけあって、その砲塔、弾薬などにも数の余裕が見られたのであろう。

さてドイツ軍の侵攻が開始され、東部戦線では激戦が展開される。

とくに侵攻の最終目標とされた三つの大都市モスクワ、スターリングラード（現ボルゴグラード、レニングラード（現サンクトペテルブルグ）周辺の戦いは、戦史に残る壮絶なものとなった。

先の都市周辺にはそれぞれモスクワ、ドン、ドネツ、ドビナと呼ばれる大河が存在し、多数の砲艦がこの地域を巡る戦闘に参加している。

これらの河川にはドイツ海軍に所属するR級機動掃海艇、M級掃海艇が配備されていたが、これらはいずれも装甲は持たず、また火力も三七ミリ砲程度で、とうていA

ＭＧには対抗できない状況であった。

さらに当然であるが、魚雷艇は内水域では全く使われていない。

このこともあって初期型には七六ミリ、中期以降には八五ミリ戦車砲を装備しているソ連側は、完全に河川を抑えて、圧力を強めてくる経験豊富なドイツ軍と死闘する赤軍の強力な後ろ盾となった。支援砲撃はもちろん、河川を利用した増援輸送、あるいは弾雨の中の撤退さえ、この砲艦なくしては考えられなかった。また三種のＡＭＧの建造数は実に二五〇隻を超え、戦線のあらゆる場所に登場している。

ドイツ側にとって、これらはあまりに目障りな兵器であったと言える。

結局、これを撃破できるのはユンカースＪｕ87スツーカ急降下爆撃機、強力な対戦車砲でもある八八ミリ高射砲以外になかった。とくに後者がほとんど唯一の対抗兵器であったと考えられる
ともかくドイツ軍がこの種の河川用砲艦を持っていなかったことが、ソ連軍に大きく有利に働いたのであった。

スツーカ、八八ミリが豊富に配備されていたなら、状況は変わっていたのかもしれないが。

結局、首都モスクワをはじめとして、スターリングラード、レニングラードともソ

連軍は見事に守り切った。

　この事実からＡＭＧは高く評価されるべきであろう。また戦後出版されたイギリスの書籍でも、「このソ連製の兵器は、独ソ戦においてもっとも成功、あるいは勝利に貢献したものである」といった記述がみられる。

　その一方で損害も少なくなく、建造された二五〇隻のうち九〇隻が戦闘で失われた。

　この事実を背景に、現在、モスクワの中央軍事博物館に１１２４ＢＫＡ型が非常に良好な状態で展示されている（注・この博物館は間もなく閉鎖され、展示物は郊外の「愛国者公園」に移管されると思われる）。

ベトナムの小型戦闘艇

　ベトナム戦争当時の南ベトナム共和国。この南部には広大なメコンデルタが広がっていた。中国を源流とする大河メコンは三本の支流に分かれ、関東地方の三倍の面積を有する湿地帯を造り上げたのである。

　一九六〇年代の初期から激化していたベトナム戦争において、民族解放戦線ＮＬＦはこの地に十数万名からなる兵力を集め、反政府武力闘争を本格化する。

　一九六四年から南の政府を支援する目的から、アメリカはメコンデルタにそれまでどの国も持ったことのない大舟艇部隊を派遣する。

これらは海洋の制覇を目的とする外洋海軍ブルーウォーターネイビーに対して、内水域海軍ブラウンウォーターと呼ばれた。現地を訪れればすぐにわかるが、たしかにメコン川の水はいつも茶色に濁っている。

この地の解放戦線軍は、当然のことながら地理を知り尽くしており、無数とも言える小舟（サンパンと呼ばれた）を駆使し、南ベトナム政府軍の拠点をたびたび攻撃する。またそれが終わると細い水路を使って早々に近くの村々に姿を隠す。

時には数十隻のサンパンが群れをなして、デルタ地区の町や補給所を襲う場合もあった。

これに対抗するため、あまり頼りにならない政府軍に見切りをつけ、アメリカは河川機動軍ＭＲＦを創設し、各種の小型戦闘艇を配備した。

それらは高速哨戒艇、上陸用舟艇改造砲艦、または甲板にヘリコプターが発着可能な大型の艀（はしけ）などである。

そのうちでももっとも数が多かったのが、河川哨戒艇ＰＢＲ（パトロールボート・リバー、兵士たちはピーバーと呼んだ）である。

これはハトラス社などのレジャー用モーターボートの軍用タイプで、極めて小型とはいえ全長三一フィート（約九メートル）、重量は三トン、乗員は五名となっている。二六〇馬力のエンジンと水噴射推進器ウォータージェットの組み合わせで、速力は三〇ノット（時速五五キロ）、航続距離は一応五〇〇キロとなっているが、船内に宿泊設備はないので、一五〇キロ前後の行動半径で運用される。

また武装は前部に連装の一二・七ミリ重機関銃、両舷に軽機関銃、そして中央部に擲弾発射機となっている。乗員を守る装甲板は一応装着されているが、船体が大きくないのでそれほど強力なものではない。

もともとピーバーは、敵の部隊と正面切って戦うような兵器ではなく、あくまでも軽武装、高速、俊敏性を特徴としていた。

ベトナムのMRFへは総数二五〇隻という、多数が持ち込まれ、メコンデルタだけではなく、中部の古都フエ周辺の水路でもかなりの数が存在した。

また一九六八年夏頃実施された政府軍、MRF合同のメコン川遡上による解放戦線軍への大規模攻撃作戦には一〇〇隻近いピーバーが、多くの輸送バージを護衛して参加し、迎え撃つ敵軍のサンパンの大集団と戦った。

それまでMRFの武装舟艇群への有効な対抗手段を持っていなかった解放戦線だが、この時期になると北ベトナムから送られてきた携帯型ロケットてき弾RPG－2／7

PBR武装モーターボート

が普及し、積極的な反撃に転じている。

　このため自然豊かなメコン流域も、激しい戦場と化していったのである。

　しかしPBRにはいくつかの長所があった。まず全体が小さいこと、ウォータージェット推進により動きが俊敏であることにより、被弾は極めて少なかった。

　一方、兵員と共に武器、弾薬、食糧を大量に積み込み、タグボートに曳航された大型の艀はRPGによって大きな損害を出している。

　それでも最終的には悪天候を除き、常に航空支援を受けられる政府軍、河川機動軍は勝利を得て、最初から最後までメコンの支配権を握り続けている。

　このようにブラウンウォーターで大活躍

したピーバーだが、次に述べる二つの理由で、この戦争の研究者と戦史に名を残すことになる。

まず戦後公開され広く世界の注目を集めた、ベトナム戦争が主題の映画〝「地獄の黙示録」の主役〟を務めた。このF・コッポラによる少々難解な作品のなかで、この武装モーターボートは、ヘリコプターによる輸送、河川の高速航行、敵軍との戦闘といった場面で実戦同様に活躍している。

まさに多くのシーンが大変魅力的に描かれていた。

またもう一つの話題は、プラスチック模型の世界的なメーカーであるタミヤから三五分の一スケールモデルが発売されたことである。

このスケールは多くの戦闘車両と同一で、製作者は両者が相まみえるディオラマを製作可能となった。

これはピーバーが歴史に現われたあらゆる軍用艦船のなかで、例外的に小さなサイズとなっているからである。

たしかに全長三一フィートの軍艦など、世界を見渡しても他に皆無であろう。

多くの言葉を並べる必要はなく、簡単に製作することができ、机の上に飾ることが出来るピーバーを作ってみればこの戦闘艇のすべての魅力を知ることが出来る。

さて一九七五年にベトナム戦争が幕を下ろしても、ＰＢＲの役割は終わっていない。タイ国を中心にこの船は国境の警備艇として同国の河川で使われ、この国を訪ねれば現在でも現役の姿を見ることが出来る。

建造費が極めて安く、信頼性に富み、決して強力とは言えないものの、充分な武装を有する最小の武装艇が、見事な成功作である事実はあまりにも明白であったと言えよう。

空母の能力拡大
――太平洋戦争

第二次大戦時、太平洋戦域における海軍の中心戦力は、間違いなく航空母艦であった。その前の大戦で活躍した戦艦、巡洋戦艦などは、それほどの活躍の場を見つけることが出来ず、もっぱら脇役に回らざるを得なかった。

それに対して空母は、大きな海戦にあっては無くてはならない存在で、これなくして勝利は遠かった。

日本海軍は合わせて二五隻、アメリカ海軍は一七五隻の空母を駆使して戦い、それは最終的な勝敗に直結したのであった。

また艦隊に航空母艦が加わっているときには、それは機動部隊と呼ばれた。本来の呼び方なら、英語を直訳して任務部隊とすべきなのだが、〝機動〟が軍艦プラス航空機を意味していると考えれば、この言い方の方が適切である。

日本海軍は能力の異なる種々の空母を建造しているが、これはこの国の兵器すべてに言えることだが、あまり統一という概念にこだわらず、多くの雑多な空母を誕生させた。

一方、アメリカの場合、幾つかの例外はあるものの、空母についてもかなり統一性、量産性を考慮し、艦種を絞って建造している。

。正規、あるいは大型空母　最初から空母として設計
　エセックス級、レキシントン級など
　排水量は三万トンを超え、速力は三三ノット（六〇キロ／時）
　搭載機数八〇～一〇〇機　カタパルト二～三基　乗組員三五〇〇名

。軽空母　巡洋艦の船体を流用した設計
　インデペンディンス級
　排水量一万三〇〇〇トン程度、速力三〇ノット（五五キロ／時）
　搭載機数　四〇～五〇機　カタパルト一基　乗組員一五〇〇名

。護衛空母　商船の船体を流用した設計
　カサブランカ級など

排水量八〇〇〇トン　速力一八ノット（三〇キロ／時）

搭載機数二〇～三〇機　カタパルト一基　乗員八五〇名
一般的な太平洋を巡る海戦史ならば、当然正規空母が中心となるが、ここでは完全に視点を変えて、小型で性能的には低いと言わざるを得ない護衛空母について述べる。

この理由は、日本海軍はこの種の〝簡易型〟航空母艦に関心を示すことはなく、一隻も建造していない。他方、アメリカ海軍は、その簡易性、量産性に着目し、一九四三年から四四年にかけてなんと一年のうちに五〇隻という多数を送り出し、大いに活躍させたのであった。

アメリカの一部の軍事評論家が「週刊空母」と半分揶揄したこの小型航空母艦は、間違いなく正規空母を裏から支えたなんとも有効な兵器であった。なお海軍の将兵はジープ空母と呼んでいる。これは小型だが、それなりに大活躍している小型軍用車にちなんだ愛称である。

それではもうすこしこの護衛空母を分析してみよう。

彼女らは商船の流用と言っても、既存の船をそのまま改造したものではない。船体の設計、建造が商船なのであり、建造する際には最初から空母として造られている。

しかし機関部などは民間型であるから、出力は極めて小さくわずか八〇〇〇馬力、正規の軍艦ならば排水量二〇〇〇トンの駆逐艦でも三万馬力を発揮する。

この出力では、最高速度は前述の如くわずか一八ノットに過ぎず、当然正規空母との共同行動は不可能である。

さらに常用の搭載機数はわずかに二八機で、正規空母の二五パーセント！

世界最強のアメリカ海軍が、よくこれほど能力の低い艦艇を制式化したものだと奇異に感ずるほどなのであった。とくに速度が一八ノットと低速なので、大型の艦載機を発進させることが危ぶまれる。

しかしここから評価は大きく変わる。

まず数の威力である。毎週一隻の割で完成するという、信じられないほどのペースで、戦力が増加する。ひと月ごとに考えれば一〇〇機搭載の空母が、一年に一二隻竣工するのと同様である。

損害を受ける可能性を考えれば、隻数の多いこちらの方が危険を分散できることになる。

さらに先にも触れた艦載機の発進のさいの速力不足には、強力な対策が盛り込まれていた。

それは型式名C－4型と呼ばれる射出機カタパルトである。正規空母のそれに準ず

カタパルトにより、大型艦上機の発進が可能となった。グラマンTBMアベンジャー(下)とカーチスSB2Cヘルダイバー(RCG)

る能力を持つカタパルトが、建造の段階から設置されていた。

これによりこれほど小さな空母でありながら、アメリカ海軍のすべての艦上機を、例えば総重量八トンという大型のグラマンTBFアベンジャーさえ運用することができた。

この護衛空母の大量生産計画は、C－4の存在があったからこそ、実現したのであった。このように弱体ながら次々と就役する空母カサブランカ級は、艦番号ACV－55から104まで完成し、海軍の重要な戦力となる。

ともかくその艦載機は局地防空、攻撃、船団護衛、対潜哨戒、偵察などあらゆる任務に活躍した。これは一隻あたりの投

カタパルトによって空母のフライトデッキから発進するE2C ホークアイ空中管制機

入可能な機数が少ないことを除けば、大型、軽空母となんら遜色はない。

またアメリカ海軍は、なんとも使い勝手の良いことに着目し、最大一六隻の護衛空母を集団で運用している。とくにフィリピンにおける大規模戦闘において、これは極めて有効であった。

またその代償として五隻が、日本軍の攻撃によって喪失している。この間正規空母は一隻も沈んでいないから、それら以上に護衛空母が敢闘したことが分かるはずである。このように海軍の簡易空母戦略は、見事に成功した。

一方、アメリカ、イギリスを除く、ドイツ、イタリア、フランス、ソ連海軍は、これほど設計、建造が容易なこの種の空母に気づかず、いずれも航空母艦の保有には至らなかった。また日本海軍も、この点からは同様と言える。

さてここからもう一つの論点に移ろう。

アメリカ、イギリスに次いで強力な空母戦力を持ちながら、戦争の後半に至るとそれを十分に使いこなせなかった日本海軍との違いである。

まずアメリカの正規空母と比較すると、飛行甲板フライトデッキの面積、乗組員の数などから日本海軍のそれはかなり時代遅れとも言い得る。

しかしもっとも大きな違いは、カタパルトの有無である。

空母のカタパルトに関して、日本軍はすべてにおいて大きく劣っていた。

一九四二年の後半、アメリカ海軍がすべての空母にこれを装備し、艦載機の発艦に大いに活用した事実に対し、日本ではその存在に気づいていながら、開発、設計、試験、製造、配備のどれに関しても実行されなかった。

初期のカタパルトに故障が多かったことは事実だが、いったん正常に稼動すればこの有る無しは空母の能力向上に直結する。

風の強弱、走行海面の状況により艦載機の発艦が困難な場合でも、そのような時こそカタパルトは頼りがいのある味方となる。

また単位時間における発艦の回数は、飛躍的に向上するのは間違いない。ボイラーに溜めた高圧蒸気を一挙に排出し、このエネルギーによって甲板の下にある巨大なシリンダーを高速で動かす。これに繋がっている器具が、航空機を一〇〇キロ／時以上の速度で射出、発艦させる。

たしかにこのシステムには極めて高度な工業技術が必要で、簡単には製造できない。コピー製品さえ不可能と言われていた。

その証拠に次のような事実がある。かなり以前にアメリカの工業雑誌が、他国が製造できず、アメリカのみそれを作ることの出来る製品はなにか、という特集記事を組んだ。そのとき最初に挙げられたのが、空母の蒸気カタパルトであった。蛇足ながら二番目には石油掘削用の三次元歯車式ドリルが紹介されていた。

話を戻すが、フライトデッキの面積が狭く、また速力も低い護衛空母で小型の戦闘機ならいざ知らず、魚雷、爆弾を抱えた大型の艦載機の発艦はこのカタパルトがあるからこそ可能だったのである。

このように見ていくと、いつものことではあるが、軍事技術はその国の国力の象徴であり、やはり戦前の大日本帝国はこの分野でアメリカ、イギリスから大きく遅れていたのであった。

〝最強〟ドイツ陸軍の突撃砲

──第二次世界大戦

第二次世界大戦で戦車王国と呼ばれたのは、間違いなくドイツ、ソ連（現ロシア）陸軍である。この二つの陸軍国は、それぞれ一〇万台を超える装甲戦闘車両（AFV）を保有し、ヨーロッパの大平原で激烈な地上戦を繰り広げている。たしかに台数から言えば、アメリカ陸軍も同じような規模の車両を配備していたが、性能から見る限り独ソ両国には及ばなかった。

さてドイツ陸軍の場合、戦車については非常に整理された型式分類法を採用していた。Ⅰ号、Ⅱ号、Ⅲ号、Ⅳ号、Ⅴ号、Ⅵ号といった具合である。

このようにわかり易い制式を採用したのは、ドイツ軍のみである。

さらにⅤ号パンテル（パンサー〈豹〉）、Ⅵ号ティーゲル（タイガー〈虎〉）は、古武士のような外観を持ち、未だに戦史、兵器研究者から大きな関心を持たれている。

もちろん性能、とくに攻撃力から言っても、当時にあって間違いなく最強と評価できる。

しかしドイツ軍のAFVのなかで、この二台がもっとも成功を収めたのか、と問われると必ずしもイエスと答えにくいのである。

この二種の戦車は、あまりに重く、鈍重で、しかも戦時に重要な生産性に関してはとうてい及第点を付け難い。

それでは強力なドイツ戦車軍団の中で、もっとも成功した車両はという問い対しては、自信をもって他国の陸軍は所有することのなかった〝突撃砲〟を挙げたい。

戦闘車両に興味を持っている研究者、ファン、マニアは別にして、一般の人たちは突撃砲とはあまり聞き慣れない言葉である。

正確な定義は難しいが、

。普通の戦車をベースにして生まれた、敵の陣地を攻撃するために特化された装甲戦闘車両である

。特徴としては戦車と違って回転砲塔を持たず、このぶん全高が小さくなっている

。敵の反撃に備えて、極めて高い防御力を有する

といったところであろうか。

特に砲塔を持っていないから、搭載している火砲の射角が制限されていて、左右、上下ともせいぜい三〇度と極めて小さい。

これはある意味、戦闘に当たってはかなり不利なように思われるが、その反面車体前部の防御力の向上に直結する。

この突撃砲については、文字による説明よりも、掲載している写真をご覧いただくのが賢明だろう。

すぐにわかるのは、前述の如く砲塔がないので、背が低いことである。Ⅲ号戦車の全高は二・六メートル程度だが、突撃砲はそれより五〇センチほど低い。

これは戦闘のさい、発見されにくい、敵弾が当たりにくいといった面から大きな長所ということが出来る。

なお突撃砲の英語名は、ASSAULT GUNである。

ドイツ陸軍は戦争勃発から二年ほどたったころから、Ⅲ号戦車の車体を利用して、二種の突撃砲を開発した。これは車体、足回りなど基本的にほとんど変わらないが、搭載砲が異なっている。

。突撃砲A、B、あるいはG型など、二四砲身長の七五ミリ砲装備

独軍のIII号戦車から生まれた突撃砲 Sd・kfz・142／1。75ミリ砲装備

。突撃砲F型、四三あるいは四八砲身長の七五ミリ砲装備

さて敵の陣地を攻撃する目的から開発された突撃砲だが、とくに短砲身のG型は独ソ戦の初期に大活躍する。

その外観は、背が低いこともあって亀にそっくりで、甲羅が装甲にあたる。

この車両は地形をうまく利用して、敵陣に破壊力のある七五ミリ砲を射ち込み、強力な装甲、防御力に頼って一気に突入する。

機関銃はもちろん標準的な四七ミリ対戦車砲でも、これを撃破することが出来なかった。

敗れたソ連軍兵士の手記にも「敵の突撃砲は恐ろしい兵器だ。我々はこれに対抗できる有効な火器を持っていない」という意味の記述がみられる。

ともかく各国の陸軍の用兵者、技術者もこのような兵器を思いつかず、ドイツ軍が開発、配備、実戦に投入して初めてその効果に驚いたのであった。

さらにもう一つ、突撃砲には大きなメリットがあった。すでに大量に製造されていながら、少しずつ旧式化しつつあったⅢ号戦車の再生、活用への道を開拓したことである。

エンジン、足回り、車体まで完成していたこの戦闘車両は、次々と突撃砲に生まれ変わっていった。

つまり新規の製造より、数段効率よく、新兵器を誕生させたことになる。

独ソ戦初期のドイツ側の勝利は、これによって得られたのであった。

ただ戦争の中期以降、戦いの様相が変化し、互いの陣地突破を巡る戦闘より、平原における機動戦が主体となる。

こうなると主砲の射角が制限される突撃砲の出番は徐々に減っていき、外観は似ているものの、長い砲身の戦車砲を備えた対戦車自走砲や駆逐戦車が戦場の主役となっていく。この駆逐戦車の意味は、当然「敵の戦車を駆逐する」ということである。

このようなことからA、B、G型は消えていき、四三、四八砲身長のF型が登場す

ソ連軍のSu－100駆逐戦車

る。このタイプは突撃砲を名乗ってはいたが、もはや駆逐戦車となる。これはこれで充分活躍の余地はあるにはあったが、もともと小さめの車体のⅢ号では搭載可能な砲弾数に限りがあり、さらには車内の操作性も不利であった。

そのためドイツ軍もⅢ号戦車、突撃砲に見切りをつけ、車体がかなり大きくなったⅣ号戦車を主力として整備することになる。

さらにこの頃になると独ソ両軍とも、回転砲塔を装備していないＡＦＶを大量に製造し、戦線に投入する。ドイツ軍のⅣ号ロング、ソ連軍のＳｕ－85、Ｓｕ－１００といった戦争前半では想像もしなかった強力、大型の無砲塔戦車が現われるのであった。

ただしこれらはいずれも突撃砲と違って、

敵陣突破を目的とする車両ではなく、もっぱら対戦車戦闘に使われる、つまりすべて駆逐戦車であった。

このようにしてドイツ陸軍の突撃砲は一九四四年ごろには出番がなくなり、この言葉自体も戦争の歴史の中に消えていくのであった。

海兵隊を救った戦艦ミズーリ
——朝鮮戦争

陸上戦闘では世界最強と言われるアメリカ海兵隊だが、一九五〇年六月に勃発した朝鮮戦争では、それから半年を経て最大の危機を迎える。

九月の仁川（インチョン）上陸作戦が大成功を収め、誰の目にもこの半島を巡る大規模戦争が、間もなく国連軍側の勝利に終わるように思われた。

しかし一〇月の末になると、その判断は、根本から覆される。

第三野戦軍と呼ばれる二〇〜四〇万名の中国軍が、崩壊寸前の北朝鮮軍とその政府を支援するため、介入してきたのである。

この軍隊は人民志願軍と呼ばれたが、実際には完全な正規軍で、しかも中国軍きっての精鋭部隊であった。彼らは抗美援朝（美はアメリカを指す。アメリカに抵抗し、朝鮮を助ける）を合言葉にしており、士気は極めて高かった。

当時、軍事境界線であった三八度線の北側にいた国連軍は、韓国軍、アメリカ軍、他のトルコ軍などの軍隊からなり、総数は一八万名であった。

数的に二倍であり、また国連軍の首脳が中国軍の介入を事前にまったく察知できなかったことから、国連軍は急速に瓦解していく。

一〇月中旬から下旬にかけて、のちに長津湖の戦いと呼ばれることになる大戦闘が行なわれるが、国連側はアメリカ軍歩兵第三師団、海兵隊二個師団という最強部隊を有していながら、大きな打撃を受け、南へと戦線を下げざるを得ない状況に陥った。

中国軍は重火器、機甲部隊、航空機をほとんど保有していなかったが、大兵力による人海戦術を駆使し、国連軍を押しまくった。

このときはじめて、人海戦術ヒューマン・ウェーブ・アタックという言葉が、世界を駆け巡ったのであった。

冬の訪れとともに朝鮮半島の気温は大きく下がり、零下一〇度を下回る日も珍しくない。

しかも陰鬱な曇天、降雪が続き、国連軍は有効な航空支援に支障をきたすことが少なくなかった。

このような状況の中でアメリカ、韓国、他の国連軍、そして民間人も南へ南へと撤収していく。

この状況はのちに一二月の大撤退とされるが、実際には圧力に耐え切れず退却であった。

とくにしんがりを受け持つアメリカ軍の第五、第七海兵連隊は、日本海側の興南／フンナムに追い詰められ、この地に最後の防衛線をひき、必死の抵抗を続ける。

もしこの防衛戦が突破されれば、三万名のアメリカ軍、同数の韓国軍などが捕虜となるほか、フンナムの港に置かれた三五万トンの物資が共産軍の手に落ちる。

この危機を目前にアメリカの海軍、空軍は全力を投入して陸軍、海兵隊の救援作戦に乗り出した。

まず航空戦力としては、半島近海の正規航空母艦一隻、小型空母二隻、陸上基地からの地上攻撃機に加えて、日本からのボーイングB－29も出動させ、接近してくる中国軍に猛烈な爆撃を加える。

このときの出撃回数は、一日当たり七〇〇回を超えていた。

ともかく津波の如く押し寄せる中国軍は、迎撃戦闘機、有効な対空火器を持っていなかったので、思う存分対地攻撃が可能なはずであった。

しかし朝鮮半島の一二月という厳しい自然が、これを少なからず阻害する。

空母の甲板、陸上基地の滑走路が凍りつき、航空機の発着に大きな危険を伴い、さらに連日の猛吹雪により飛行不可能な日が続く。

またB－29の爆撃は作戦高度が高く、敵の陣地を正確に見つけることが難しい。

一二月のはじめに国連軍は興南港まで一五キロという狭い地域に押し込まれた。すでに多くの船舶を送り込み、兵士、民間人を救出し、日本の港、あるいは釜山まで運ぶ撤収作業も本格化していたが、それさえも海兵隊の防衛線がいつまで保持されるか、という問題に直面していた。

この時点で登場するのが海軍の戦艦ミズーリ、重巡洋艦二隻、駆逐艦四隻からなる支援砲撃部隊である。

中心となるミズーリ（艦番号ＢＢ－63）は、最強のアイオワ級の三番艦で、一六インチ（四〇センチ）の主砲九門を搭載している。

このクラスは肝心の太平洋戦争では、完成時期が遅れたこともあって特筆すべき活躍はしないままであった。

ところがアメリカ海兵隊、陸軍がフンナム橋頭堡に追い詰められるという緊急事態に直面すると、戦艦が持つ最強の砲撃力を最大限発揮することになる。

砲撃中の戦艦ミズーリ

共産側／中国軍が対抗できる手段を持っていないという有利さもあってミズーリ、重巡二隻は、海岸五キロまで接近し、迫りくる敵軍に激しい砲撃を加えた。

このとき一六インチ砲弾は一月末までに二〇三〇発、同じく搭載されている五インチ砲弾は五六三〇発が発射されている。

一六インチ砲弾の重量は一・二トン、五インチ砲弾は三〇キロであるから、合わせて二七〇〇トン近い弾量が共産軍陣地に落下した。さらに巡洋艦からの数千発の八インチ砲弾（重量は一二〇キロ）も加わる。

空母機の搭載量を考えれば、この弾量は三〇〇〇機の爆撃に相当する。

この戦場では気温零下の状況が続き、接近する中国軍は地面が凍りつき深い塹壕を掘ることが出来ずにいたため、この艦砲射撃は驚くほど効果的であった。

ともかく港に迫る敵軍を阻止しないと、数万のアメリカ、韓国、国連軍の兵士、民間人が死傷するか捕虜になってしまうのである。

まさにアメリカ軍がこれまで経験したことのない危機であった。

アメリカ戦艦の5インチ両用砲

ミズーリは前述のごとく、短期間に二〇三〇発の砲弾を発射した。つまり主砲一門あたり二二五発ということになる。しかし砲身の寿命はだいたい一〇〇発程度で、この後は砲身内部のライフル（線条、砲弾に回転を与えるための溝）が摩耗し、射程は大幅に短くなってしまう。

このため普通なら砲塔からいったん砲身を取り外し、工場まで運んでライフルを刻み直す必要がある。一六インチ砲の砲身は一〇〇トン近くあるから、洋上における修理および交換作業などは不可能である。

しかしミズーリの幹部たちは、この状況を知りながら砲撃を続ける。射程は三八キロから二八キロ程度に低下したが、中国軍の主力は一二〜二〇キロまで接近していたから、問題はないという判断であった。そのため一門あたり寿命を大きく超えた二二五発が空中を飛翔し、敵陣に落下したのであった。

これが効を奏し、敵軍は大損害を受け、一時的ながら進撃が止まった。

この機を利用して、フンナム港から大車輪で撤収作業が行なわれた。

兵員、民間人の九〇パーセントが乗船し、港を離れた。残された三五万トンの物資も大部分持ち出すことに成功したが、五万トンが焼却処分、残りに一万トンが中国軍の手に渡ったとされている。

それでもこの朝鮮半島における戦闘のアメリカ軍の人的損害（死傷者、捕虜）は、実に七〇〇〇名を超えている。また韓国軍などのそれは、アメリカ軍の二倍であった。

一方、中国軍を主力とする共産軍の損害もかなりの数に上り、実に四万八〇〇〇名となっている。地上戦では圧倒的であったが、艦砲射撃、爆撃に対して中国軍は何ら対抗手段を持たなかったからである。

さらに零下二〇度まで下がる気象条件に関して、充分な耐寒装備を準備出来なかったことが、この軍隊の犠牲を大きくしたのであった。

最後に猛烈な艦砲射撃で活躍した戦艦ミズーリについては、一九九五年に現役を引退し、現在ハワイの真珠湾で記念館となっており、誰でも自由に見学が可能である。またあらかじめ予約しておけば、大戦、朝鮮戦争における彼女の奮闘ぶりを、残されている戦闘記録から見ることも出来る。

しかしながら戦艦という巨大な兵器が、すべて現役を去ってしまい、我々は洋上を疾走しながら巨砲を轟かせる勇姿を、もはや二度と見ることは出来なくなってしまったのであった。

四発爆撃機の存在
――第二次世界大戦

太平洋、西ヨーロッパ戦域における西側連合軍の勝利の要因はいろいろ考えられるが、そのうちの一つにアメリカおよびイギリスが膨大な数を製造した四発の大型爆撃機が挙げられる。

ともかく枢軸側の主要三ヵ国であるドイツ、日本、イタリアは一応四発爆撃機を開発したが、製造数は極めて少なく大規模な爆撃を実施するなどとは全く無縁であった。それらは散発的に投入されたものの、特記すべき戦果など皆無であった。

もうひとつの連合国軍のソ連は、これまた四発機を量産できないまま戦争を終えた。またイタリアはどのようなわけか双発、四発機よりも三発機を選択している。

さて列強の主力爆撃機の要目を表に掲げるが、本来なら性能的に比較にならない枢軸側の双発、三発機も参考として記載している。

これは米英の四発機との能力の違いを明確にするためである。

次に示すようにアメリカの三種、同じくイギリスの三種は、

ボーイングB－17フライングフォートレス

コンソリデーテッドB－24リベレーター

ボーイングB－29スーパーフォートレス

アブロ・ランカスター

ショート・スターリング

ハンドレページ・ハリファックス

であるが、それぞれ少なくとも六トン、場合によっては一〇トンの爆弾を搭載することが出来る。これに関しては搭載する爆弾倉の形状もあって、必ずしも機体の大きさ、エンジンの出力などと一致しないが、いずれも少なくとも最大六トンは可能であった。なお最大はランカスターの一〇トンである。

一方、双発機の搭載量はかなり少なく、なかなか二トンを超えるような搭載量をもつ爆撃機は多くない。

日本の爆撃機、攻撃機は実質的に一・八トンが最大であった。このような状況から

大戦中最大の爆弾、10トンのブロックバスター

敵地への同じ投弾量を考えると、英米よりもドイツ、日本軍などは二〜四倍の機数を送り込まないとならないことになる。言うまでもなく、爆撃の効果は投弾量に比例する。

爆撃機はその名の通り、爆弾を落とすのがその使命であるから、この時点で枢軸側はすでに大幅に不利であることがわかろう。

さらに四発機は、設計のさい機体の重量に余裕があるから、防弾装置、防御用火器の強化が可能となる。つまり攻撃に対しても強靭ということである。このあたりも双発機とは大差がある。

例えば日本陸軍の主力戦闘機であった中島一式戦闘機キ－四三隼は、搭載している機関銃として一二・七ミリ二梃である。こ

巨大なボーイングB－17フライング・フォートレス爆撃機

の口径の火器で強力な装甲を誇るB－17、B－24を撃墜することは、まさに至難の技であったに違いない。

またとくにアメリカの航空技術について述べておきたい。

先に触れたB－17であるが、四発、総重量が三〇トン近い本機は、一九三六年一二月というかなり早い時期に初飛行している。これは第二次大戦が勃発する三年近く前、太平洋戦争の四年も前なのである。

したがって戦争が始まる以前にはかなりの数が揃っていた。事実、太平洋戦争の初日の真珠湾攻撃のさい、この基地には五機が存在した。

また開戦後三ヵ月ほどたった時、日本軍は一機のB－17をボルネオで鹵獲している。

8000機も製造されたB－24リベレーター

この機体は日本本土まで輸送され、実際に何回か東京上空を飛行した。

このフォートレスを見た航空技術者、陸海軍の首脳はどのように感じただろうか。当然海軍なら九六式、一式陸上攻撃機、陸軍なら九七式重爆撃機と比較したはずだが、すべての面で格段に日本機を上回っていた事実を悟ったに違いない。

とくに九七式重爆撃機というような型式名称は、少々恥ずかしい気さえする。九七式などアメリカの基準で言えば、決して重爆などではなく、平凡な中型爆撃機なのであった。

また当時の日本と異なり、本格的な工業国であったドイツの軍需生産力を壊滅させたのも、間違いなくアメリカの二機種、イ

アメリカ、イギリスの4発爆撃機

	総重量(t)	エンジン出力 (HP×基数) 合計出力(HP)	総生産数(機)
アメリカ			
ボーイングB-17 フライング・フォートレス	29.5	1200×4 4800	12700
コンソリデーテッドB-24 リベレーター	25.4	1200×4 4800	18400
ボーイングB-29 スーパー・フォートレス	54.5	2200×4 8800	4100
イギリス			
ショート・スターリング	31.8	1650×4 6600	2600
ハンドレページ・ ハリファクス	31.8	1640×4 6600	6300
アブロ・ランカスター	31.8	1640×4 6600	7400
以下参考			
ハインケルHe111(独)	14.5	1350×2 2700	7350
ユンカースJu88(独)	13.1	1700×2 3400	14800
三菱G3M 九六式陸攻(日)	8.5	1200×2 2400	1100
三菱G4M 一式陸攻(日)	12.5	1800×2 3600	2400
三菱キ21 九七式重爆(日)	7.5	950×2 1900	2100
サボイア・マルケッティ SM79(伊)	10.5	750×3 2250	1350
注：爆撃機として1000機以上配備されたものを掲げる			

ギリスの三機種であった。

一九四三年以降、一度に二〇〇機、多い時には一〇〇〇機がドイツ爆撃を行ない、工場、燃料貯蔵施設、交通網、最終的には都市さえも次々に破壊していった。

ドイツ側の戦闘機、高射砲などの対空火器も当然激しく迎撃したが、一度として来襲する四発爆撃機の大編隊を完全に阻止することは出来なかったのである。この事実から米英の四発爆撃機こそ勝利への道であり、もっとも成功した兵器と断言できる。

またもう一つ、特記すべきはその生産数である。もともと四発機は、単発戦闘機と比べて五～七機に相当する製造するための資材、労力を必要とするが、

それでも表に掲げた製造数を見てほしい。

アメリカ三万機、イギリス一万七〇〇〇機を造っている。我が国の最大数が、零戦の一万機、ドイツのメッサーＢｆ１０９（いずれも単発である）が三万機であるから、まったく桁違いの工業力であった。

このような事実を知ると、開戦前の枢軸側の指導者たちは各国の国力をどの程度把握していたのか、と首を傾げたくなる。

あまりの無知が、敗北を招くということだったのであろうか。

四〇〇〇機も製造された飛行艇

——第二次世界大戦

現代と違って、一九三〇年代の終わりから第二次大戦の終了までは大型飛行艇の黄金時代であった。

日本を含めた列強は、競うように次々と軍用、旅客用の大型飛行艇を製造し、広く世界の海で活躍させた。

例えば、川西航空機の九七式大型飛行艇（九七大艇）は、横須賀―サイパン島の定期航路を飛行し、これは〝南海の花束〟というなんともロマンに溢れた映画で紹介されている。

またイギリスはバハマ諸島と本土を結ぶ路線に、ショート・サンダーランド大型飛行艇を就役させた。

大戦が勃発すると、これら以外にも大型飛行艇フライングボートは偵察、哨戒、輸送、救助、連絡などの任務で活躍する。

飛行場を必要とせず、海面から発着可能なので、海況さえ平穏であれば稼動率も決して低くなかった。

ただいろいろな条件から使用に制限もあって、飛行艇の製造数は限られている。以下に各国の複数のエンジンを持つこの航空機の製造数を示す。

日本　川西九七式飛行艇　二二〇機、同二式飛行艇　一七〇機

イギリス　ショート・サンダーランド　七二〇機

アメリカ　マーチンＰＢＭマリナー　一二九〇機

　　　　コンソリデーテッドＰＢ２Ｙコロネード　二一〇機

ドイツ　ブローム・ウント・フォスＢｖ１３８　三四〇機

といったところである。イタリア、ソ連、フランスはごく少数の機体しか保有していない。

このような中、意識的に書き入れなかった飛行艇が存在するが、これが本稿の主役となるコンソリデーテッドＰＢＹカタリナ双発機である。

大型飛行艇という同じジャンルにいながら、なぜ別扱いしたのか、という理由だが、

コンソリデーテッドPBYカタリナ飛行艇

これはなんと四〇〇〇機という異常な製造数を誇っているからである。

例えば日本の九七式大艇と二式大艇を足し合わせても約四〇〇機であるから、ＰＢＹカタリナの数の多さがわかる。

間違いなく本機は史上もっとも多く造られた飛行艇であり、今後もこの記録が破られることは考えられない。

カタリナはアメリカ海軍が運用する双発機だが、寸法的にはかなり大きく前幅は三二メートルもある。この数字は太平洋戦争に登場した大型の日本機よりも五メートルも長い。それどころか軍用機最大のアスペクト比（縦横比）を持つ。

このこともあって長距離飛行は得意で、カタリナの航続力は四〇〇〇キロを超える。

ただし総重量一六トンの機体に対して、エンジンは一二〇〇馬力の双発だから、少々出力不足気味で速度、運動性などはかなり低くなっている。

とくに最大速度は三〇〇キロ／時に達せず、第一線機としてはもっとも低速な部類と言える。その反面、信頼性、安定性は極めて高く、操縦も容易、さらにもっとも安全性の高い航空機と評価されている。

しかし本機がこれほど大量に製造され、各地で運用された理由は水陸両用、つまり海面は当然として陸上の滑走路から離着陸可能であったことにある。

現在の視点から、このことはそれほど珍しいとは言えないような気がするが、先のリストを見直してほしい。

日本二機種、イギリス一機種、アメリカ二機種、ドイツ一機種の大型飛行艇のすべてが、水面でしか運用できない。

これは数字ではなんとも表わしにくい短所、欠点である。

例えば飛行艇の任務の一つである、海上における救助作業を考えてみよう。

沖合で撃墜されパラシュートで脱出、海面を漂う友軍の飛行士を収容した後の運用である。

飛行艇は基地の近くの海面に着水、水面滑走で陸地に近づく。そして接近してきた

水陸両用機グラマンJ2Fダック

ボートに要救助者を載せ替え陸上に送る。このボートは栈橋に繋がれ、車で病院に運ぶということになる。

これが水陸両用であれば、飛行艇は滑走路に着陸し、飛行場によってはそのままタキシングして隣接した基地の病院に近づいて要救助者を搬送することが出来る。

この手間と時間を考えれば、水陸両用の利便性は誰にでも理解できよう。

さらに物資の積み下ろし、燃料の補給、エンジンなどの整備、乗員の乗降と何をとっても圧倒的に有利なのであった。

この利便性からカタリナは重用され、あれだけの大量生産に結びついた。

なおアメリカ海軍は、これ以外にも写真のごとくグラマンＪ２Ｆダック、同ＪＲＦ

両用性を持つロシアのベリエフBe－200ジェット飛行艇

グース、同J4Fウイジョンといった水上機、小型飛行艇にも水陸両用性を持たしている。

これはやはり同国の国力、技術力の証明であって、これ以外の小型両用機はイギリスのスーパーマリーン・ウォーラス小型飛行艇のみである。

日本海軍、ドイツ海軍などはいくつかの水上機を製作、運用したものの、両用機は皆無であった。

ここにやはり前述の如く国力、技術力の差が表われたと言い得る。

驚かされるのはソ連海軍である。早々にPBYの両用性に注目し、アメリカからまず完成機一五〇機を購入、その後製造権を得て大量生産に踏み切った。

エンジンは同国産のM62に換装されたが、外観、寸法などはそのままの双発飛行艇GST（ソ連国営航空機工場）カタリナの誕生である。

本機の製造数ははっきりしないが、アメリカ海軍の予測では三〇〇機近いとのこと。そうなるとソ連海軍は、合わせて五〇〇機近いPBYを所有したと考えられる。

もしこれが正しいとするなら、この飛行艇の総数は五〇〇〇機に迫るのかもしれない。したがって間違いなく、史上大成功を収めた傑作航空機の仲間に加わることになる。

なおアメリカには現在、大型の両用飛行艇は存在しないが、ソ連／ロシアにはベリエフBe−200ジェット飛行艇が存在する。あきらかにこれは両用であり、カタリナの血はロシアに引き継がれているのかもしれない。

なおニュージーランドの南島のワナカでは、このカタリナによる遊覧、体験飛行が行なわれ、予約が必要だが誰でも海と空の離発着を楽しむことが出来る。

NF文庫書き下ろし作品

あとがき

先の拙著『戦場における成功作戦の研究』、そして本書では戦術、兵器に関して、いくつかの成功例を掲げた。このうち例えば画期的な威力を発揮した対空用の砲弾（近接雷管付き砲弾、マジックヒューズ）などは、いかに熟達した兵器設計者、優れた用兵者であっても、とうてい簡単に製造できるものではない。

アメリカ海軍は、この効果絶大な砲弾の開発に三年の歳月、七〇〇〇人の技術者、三〇〇億円の費用を費やし、ようやく完成させたと伝えられている。

言うまでもなく核兵器なども同様だろう。

一方、アイディアを考え出すだけで、戦局を変えることのできるほど、効果的な軍事上の新兵器を、それも技術的にそれほど難しいものでもなく、また開発、量産、配備にも手間も費用もかからないシステムも存在する。

本書に記載した戦闘機の増加燃料タンク、対潜水艦戦闘の際の前方投射兵器などがこれに当たる。

要するにどちらもそれほど特別高度な技術を必要とするものではなく、先にも記したごとくアイディア、思いつきがこれらを誕生させたのであった。

それでは現代に生きる我々の身近なところに、そのような製品やシステムが見られるだろうか。

せっかく、この成功シリーズをお読みいただいた読者とともに、これらを考えてみよう。著者自身、特許、実用新案に興味があり、いくつか取得していることもあり、常に〝アンテナを貼り巡らして〟いる。

この欄の文字数にも制限があるので、あくまで概要を述べるにとどめるが、新兵器↓新製品、新戦術↓新方式とそれぞれ一つを挙げておく。

1：電池駆動式高圧洗浄機

これまでのこの機器は、洗浄するたびに電気のコード、水道のホースを対象物まで引きずって行かなくてはならなかった。玄関の汚れを落とす場合ならそれほどの手間ではないが、車やボートを洗うとなるとコード、ホースを握って右往左往することになる。

しかし電源が電池、水源がバケツで良いとなると、極めて使いやすい。価格数万円の旧来の洗浄機は物置のなかで長い眠りにつき、安価な携行型が大活躍することになる。今年度中にこのタイプはなんと一〇〇万台を超す数が世に出回るとのことである。

2：地方路線バスによる宅配貨物の輸送

現在、トラックの運転手の絶対数が不足し、宅配貨物の配達が遅れ始めている。とくに地方の町村ではこの状況が著しく、最悪な場合では配送業者が過疎地への配達を断る可能性さえ現れている。

そこで新方式として浮上してきたのが、路線バスの車内に貨物を置くスペースを設け、宅配便の輸送を行なおうというアイディアである。もともと地方のバスの乗客が満員になるケースなど極めて希で、ほとんど数人の場合が多い。

それなら貨物を積むことに問題はなく、トラック便、ドライバー、輸送費の大幅な削減に繋がる。

宅配便は村の集会所で降ろされ、受け取り人が各自引き取るわけである。

この新方式には多くのメリットがあり、日本全国で爆発的に広がる動きを見せている。

ここに紹介した新製品、新方式も取り入れるのに特別費用がかかるわけではなく、我々の生活に大きな利便性を与えてくれるのである。

著者が多くの失敗の研究、はたまた反対の成功の研究に取り組むのは、少々大袈裟に言えば、この面で世の中に供したいと考えるからである。

このような意味から、今後とも戦史、戦術、兵器の紹介を続けて、この分野に貢献していく所存である。

二〇二三年六月

三野正洋

追記

・本書のＲＣＧ写真について

先にも簡単に触れているが、この新しい実物写真とコンピュータグラフィックを駆使した手法に関しては、本稿の最初に掲げた前著に詳しく紹介している。

・使用した写真について

一部は古い友人である岩浪暁男、金岡充晃氏の提供による。

NF文庫

戦術における成功作戦の研究

二〇二三年八月二十日　第一刷発行

著　者　三野正洋

発行者　赤堀正卓

発行所　株式会社　潮書房光人新社

〒100-8077　東京都千代田区大手町一-七-二

電話／〇三-六二八一-九八九一(代)

印刷・製本　中央精版印刷株式会社

定価はカバーに表示してあります
乱丁・落丁のものはお取りかえ
致します。本文は中性紙を使用

ISBN978-4-7698-3321-5　C0195

http://www.kojinsha.co.jp

NF文庫

刊行のことば

第二次世界大戦の戦火が熄(や)んで五〇年——その間、小社は夥しい数の戦争の記録を渉猟し、発掘し、常に公正なる立場を貫いて書誌とし、大方の絶讃を博して今日に及ぶが、その源は、散華された世代への熱き思い入れであり、同時に、その記録を誌して平和の礎とし、後世に伝えんとするにある。

小社の出版物は、戦記、伝記、文学、エッセイ、写真集、その他、すでに一、〇〇〇点を越え、加えて戦後五〇年になんなんとするを契機として、「光人社NF（ノンフィクション）文庫」を創刊して、読者諸賢の熱烈要望におこたえする次第である。人生のバイブルとして、心弱きときの活性の糧(かて)として、散華の世代からの感動の肉声に、あなたもぜひ、耳を傾けて下さい。

＊潮書房光人新社が贈る勇気と感動を伝える人生のバイブル＊

ＮＦ文庫

写真　太平洋戦争　全10巻　〈全巻完結〉
「丸」編集部編

日米の戦闘を綴る激動の写真昭和史——雑誌「丸」が四十数年にわたって収集した極秘フィルムで構築した太平洋戦争の全記録。

戦術における成功作戦の研究
三野正洋

潜水艦の群狼戦術、ベトナム戦争の地下トンネル、ステルス戦闘機の登場……さまざまな戦場で味方を勝利に導いた戦術・兵器。

太平洋戦争捕虜第一号　海軍少尉酒巻和男 真珠湾からの帰還
菅原　完

「軍神」になれなかった男。真珠湾攻撃で未帰還となった五隻の特殊潜航艇のうちただ一人生き残り捕虜となった士官の四年間。

新装解説版　秘めたる空戦　三式戦「飛燕」の死闘
松本良男　幾瀬勝彬

陸軍の名戦闘機「飛燕」を駆って南方の日米航空消耗戦を生き抜いたパイロットの奮戦。苛烈な空中戦をつづる。解説／野原茂。

新装版　海軍良識派の研究
工藤美知尋

日本海軍のリーダーたち。海軍良識派とは!?「良識派」軍人の系譜をたどり、日本海軍の歴史と誤謬をあきらかにする人物伝。

第二次大戦　偵察機と哨戒機
大内建二

百式司令部偵察機、彩雲、モスキート、カタリナ……第二次世界大戦に登場した各国の偵察機・哨戒機を図面写真とともに紹介。